科学不再可怕

地球保护罩的厄运

臭氧层破坏

燕 子 主编

哈爾濱工業大學出版社
HITP HARBIN INSTITUTE OF TECHNOLOGY PRESS

图书在版编目(CIP)数据

地球保护罩的厄运：臭氧层破坏 / 燕子主编. --
哈尔滨：哈尔滨工业大学出版社，2017.6
(科学不再可怕)
ISBN 978-7-5603-6298-4

Ⅰ. ①地… Ⅱ. ①燕… Ⅲ. ①臭氧层－环境保护－儿童读物 Ⅳ. ①P511-49

中国版本图书馆CIP数据核字（2016）第270703号

科学不再可怕

地球保护罩的厄运——臭氧层破坏

策划编辑 甄淼淼
责任编辑 王晓丹
文字编辑 张 萍 白 翎
装帧设计 麦田图文
美术设计 Suvi zhao 蓝图
出版发行 哈尔滨工业大学出版社
社　　址 哈尔滨市南岗区复华四道街10号 邮编 150006
传　　真 0451-86414049
网　　址 http://hitpress.hit.edu.cn
印　　刷 哈尔滨市石桥印务有限公司
开　　本 710mm×1000mm 1/16 印张 10 字数 103千字
版　　次 2017年6月第1版 2017年6月第1次印刷
书　　号 ISBN 978-7-5603-6298-4
定　　价 28.80元

引言

臭氧层是地球的重要“防卫系统”。直到它开始出现空洞，才被我们熟知。相信大多数人对臭氧层的了解，还仅仅停留在知道名字而已。

臭氧层究竟是如何对地球进行保护的？臭氧层一旦遭到破坏，对地球和人类的伤害究竟有多大？究竟是谁在破坏我们的臭氧层呢？

或许以上几个问题，还不足以引起你的重视，那么就让我们先来认识一下臭氧层的重要性。你会从太阳和地球的奇妙关系中，了解到什么是我们生存的条件，以及破坏我们的生存条件是一件多么可怕的事情。

当你读到早期为探索南极献出生命的先驱们的故事；当你读到那些在南极工作的科学家们，是如何在艰苦条件下坚持科研工作，发现臭氧层空洞的事迹，你会从中体会到，人类是如何通过自己的努力，来捍卫我们的地球的。

在中国的古代传说中，女娲造人、补天。一旦当你发现，人类自己竟然是“捅破”臭氧层这个“天”的“元凶”之一，你是否会对作为一个人应该承担的责任，有更多的认识呢？

看不见的“外套”

极地上空的危机

目录

紫外线对其他生命的戕害

目录

加油，中国！

“女孩”是否“老去”

目录

地球只有一个，
请爱护我们的绿色家园。

看不见的“外套”

如果你能像超人一样飞入太空，当你回首观望时，你会看到一颗蓝色的星球，那就是人类的老家——地球。

你可别以为地球就那么裸露在太空中。除了那些缥缈的云，地球可是穿着“衣服”的。虽然你看不见，但它依然存在。

难道是皇帝的新衣？我们亲爱的地球可不会干那种自欺欺人的事。

地球的“外套”——大气

地球的实体外被厚厚的气体包裹着，这就是大气层，也叫大气圈。

倘若用肉眼观望，地球的这件“外套”，无论是颜色还是内容，都实在显得过于单一，毫无时尚感而言。但这只是表面现象，其实大气一点都不简单，这个保护着地球的“大家伙”，可是有着丰富内容的。

家族成员

在人类对自然知之甚少的时候，在很长一段时间里，我们都以为天空中的大气是一种单一的物质。当然，现在我们都知道，大气是由很多种成分组成的。

如果大气是个控股公司，那么这大公司里的最大股东就是氮气了，它占整个大气78.10%的“股份”。大气的第二大股东，则是那个让我们提起来就爱得不得了的氧气。

是啊，我们没办法不爱，因为没有氧气，人和动植物就无法生存了。

虽然氧气的含量远远不如氮气，但也在大气中占到了20.90%。不必担心，这个比例已经足够地球上的生命享用了。

剩下的就那么一点了，我们来看看，都有谁占有着那些有限的份额。

首先，氩气的股份只有0.93%，和氮气与氧气相比，实在少得可怜。不过，和剩下的成分，如二氧化碳、氦气、氖气、氪气、氙气、氡气相比，氩气就算是“富翁”了。

这些占比例更少的稀有气体，还真不算是大气中的小股份，还有一个我们一听就会精神起来的家伙——水，它在大气中的比例就更少了。虽然少，但是它的作用并不小。

有层次的大气

大气不仅含有多种物质，而且绝对不是一件“单衣”。虽然你看不见大气的明显界限，但是它的确是有好几层的。

作为地球的“衣服”，大气的“内衣”应该算是对流层了，也就是和我们人类以及各种生物息息相关的这一层。

这里下热上冷，也正是因为这样的温度分布，才让这一层产生了对流，进而产生降水。和我们人类相关的“天气”，就是这一层最大的特色。正因为如此，这里集中了整个大气层 90%的水，同时也集中了大气 70%多的质量。

如果你觉得大气距离我们很遥远，只要想一下对

流层，就知道我们和大气实在是密不可分。

对流层是地球的“内衣”，它的厚度只有 8 到 17 千米。这个厚度会随着季节的变化而变化。同时，纬度不同，这件“内衣”的厚度也有所不同。简单地说，就是纬度越高，它越薄；天气越热，它越厚。

换句通俗的话来说，对流层的厚度，赤道要比两极厚，夏季要比冬季厚。

对流层的上面就是平流层，也叫同温层。它的厚度大约是 50 千米。和对流层相反，这里通常是高度越高，温度越高。所以这里的气流就很平稳，而且因为这里少有水汽，天气也总是晴空万里。正是这样的原因，这里特别适合飞机飞行。

注意了，平流层除了温度上热下冷的特点，还有一点是非常特别的，那就是我们这次要讲的“主角”——臭氧层，就在这一层。

臭氧层就在平流层靠上的地方。就是这个平流层里的臭氧层，保护着地球上的生命不受过多的太阳紫外线和高能粒子的伤害。

接下来就是中间层了，这一层的厚度也有 85 千米。这里几乎没有臭氧，而且温度自下而上呈现递减趋势，所以中间层的对流强烈。这就让中间层有了另外两个名字：高空对流层和上对流层。

中间层的上面就是热层，也叫电离层。顾名思义，这里是很热的。据人造卫星观察，这里某些区域的温度可达 1 000 摄氏度以上。

热层能对无线电波的传送速度有所改变，这种影响和人类活动有着密切的关系。从无线电通信到广播，再到无线电导航和雷达定位，这些都离不开电离层的活动。

现在，就剩下大气的最外层——散逸层了，它也叫外层。这一层的温度很高，因为距离地球太远，空气也已经非常稀薄了，因此，散逸层中一些高速运动的空气分子，可以随时挣脱地球引力，逃出地球，散逸到宇宙空间去。这就是为什么这层除了叫外层，还被叫作散逸层的原因了。

大气层的作用

大气层是地球的“外套”，就是因为它有保护和保温的作用。

首先，大气层会保护地球避免遭受小颗陨石和彗星的撞击。如果没有大气层，我们天天都能“淋”到陨石雨，整个地球早已被砸得千疮百孔了。

其次，大气层能够让地球保持一定的、比较均匀的温度。因为大气层中的水汽和二氧化碳能够吸收热能，如果没有大气层，我们的地球就会像月球一样，白天温度在 80℃左右，晚上则下降到 -80℃左右。

这谁受得了啊！

当然，倘若没有大气层，也根本不可能有水嘛！即便真的有外星人前来，往地球上猛地倒些水，也马上就不

见了哦。

一个没有水，没有大气(空气)的地球，人类是无法生存的。即便你还能存在于某个其他可以生存的星球上，大概也只能像古人想象月亮一样去想象地球的景象。不过这仅仅是想象，没有水和空气的地方，当然不可能有任何生命存在。

前面提到过，位于平流层上部的臭氧层可以有效阻挡那些有害的紫外线，保护人类以及地球上的生命不被紫外线伤害。

正因为如此，臭氧层才有了一个响当当的绰号——地球保护罩！

哈哈，还是臭氧层“高大上”，一下子就从一件厚“外套”中脱颖而出了。

别的星球有大气层吗

虽然地球是我们的“老家”，但是它也有自己的家族。在浩瀚的宇宙当中，我们的地球就是太阳系里的一个成员。在这里，它和其他行星一起围绕太阳运行。

在太阳系中，共有八个比较大的行星，从距离太阳最近的说起，依次为水星、金星、地球、火星、木星、土星、天王星和海王星。

从理论上讲，只要一个星球的吸引力达到一定程度，就会产生大气层。你想知道地球的这些兄弟姐妹是否有自己的大气层吗？那就让我们来看看吧。

水星

这个名字可爱的家伙距离太阳最近，这就让它的公转跑道要短很多。水星每 88 天就能绕太阳一周，换句话说，水星上的一年只有 88 天。如果你想快点长大，那么就试着联系联系水星吧！

因为水星到太阳的距离远比地球到太阳的距离近得多，所以站在水星上，你会看到一个很大的太阳，大概是在地球上看到的太阳的 2 至 3 倍，当然，太阳光也增强了 10 倍左右。

但是水星的引力太小，根本没办法像地球这样吸引大气，仅有一层几乎可以忽略不计的很稀薄的大气层。

缺乏大气，让水星的白天表面温度可达 430℃，而夜间温度可下降至 -160℃。

除温差变化大，水星还经常遭到太阳附近的陨石和来自太阳的微粒的“袭击”。所以水星表面被砸得坑坑洼洼，粗糙不堪。而且别看它叫水星，这里是绝对没有水的！

金星

金星不但有大气，而且这里的大气活动比地球还强得多呢！不过，金星的这件“外套”可不是普通的“外套”，它是由大量的二氧化碳，以及少量的氮气组成的。

听到二氧化碳，你想到了什么？地球上的二氧化碳都是温室气体，金星上的大气基本全是它。好家伙，那才叫——怎一个热字了得！这里的平均温度，从来没有低于过 400℃！

这哪里是什么“外套”，简直就是大厚棉袄中的“战斗机”，不对，应该说是“火箭”！

热归热，金星表面接受的太阳光却比较少，因为它那厚厚的云层，将大部分阳光都反射回太空，无法直接到达金星表面。所以，虽然金星比地球距离太阳近，但是它可没有“近水楼台先得月”，它的表面得到的阳光还远不如地球。

火星

我们来看看地球的另一个好兄弟——火星。

和金星相比，火星又是另一番景象。它的大气密度只有地球的1%左右，所以火星表面非常干燥，平均温度为 -55℃。

有一点你可能不知道，科学家一直在太阳系中寻找一个适合人类生存的第二个家园，火星原本还是一个选项的。

也许你会问为什么。

那是因为早期的火星与地球十分相似。像地球一样，火星上几乎所有二氧化碳，都被转化为含碳的岩石。可是这些岩石却懒得“动弹”，无法让被转化的二氧化碳重新循环到大气中，这就没办法让火星表面保温。所以，尽管火星的名字中有个“火”，却只能常年维持一种低温状态。即使把它拉到与地球距太阳同等距离的位置，火星表面的温度仍然比地球低得多。

看来人类的火星梦破灭了。

地球的其他兄弟

至于排在后面的四个小伙伴——木星、土星、天王星和海王星，也都存在着一定的大气层，但是这些大气层却没有地球的“外套”那么完美。

它们的表面不是疯狂地吹着大风,就是异常高温,人类想去那里生活,就是两个字——没戏!

看出来了吧,地球的这件“外套”,还真就是绝对的限量版呢!对了,太阳系原来可是有“九大行星”的,那个叫冥王星的小兄弟呢?

原来冥王星本身的运行轨迹实在不太清晰,让它继续待在这个排名里,实在挺难为它的。于是 2006 年,科学家在布拉格举行的第二十六届国际天文学联合会中表决,把冥王星划为矮行星,新名字是小行星 134340 号。看来想跻身于大行星的行列,仅仅“够大”,还是不够的。

独一无二的臭氧层从哪来

通过前面的介绍，大家已经知道了地球的其他几个行星兄弟上的大气是个什么状态了。大气都是那么“不合格”，就更别想有臭氧层了。

拥有优质的大气是地球的骄傲，大气中的臭氧层不仅是地球的骄傲，更是我们不可缺少的保护罩。有一点你可能不知道，臭氧层在地球的生命中，还真是个“新产品”。也就是说，在几亿年前的时候，地球的大气层里是没有臭氧层的。

那时候，和水星一样，地球受到太阳的特别“关照”，强烈的紫

外线时时刻刻地照射在地球表面。

诞生

虽然在没有臭氧层的时代，紫外线显得格外猖狂，但它也不是无敌的，水可以吸收它，所以水中还幸存着少量的生物。可别小看这少量的生物，就是它们——水中的绿色植物，参与了臭氧层的缔造工作。

这些仅存的绿色植物，不断地吸收二氧化碳，又释放出氧气。氧气慢慢扩散升腾，其中一部分飞到了大气层的上层，正好和那里的紫外线狭路相逢。这些好不容易飞上来的氧气分子被紫外线打成两个氧原子。

见势不妙的氧原子，慌忙和还没来得及分裂的氧分子合并，就形成了一个“二加一等于三”的臭氧。不过臭氧分子不太稳定，经过紫外线照射之后，就又分为氧气分子和氧原子了，于是就形成一个不断分裂又不断组合的持续过程，臭氧层就这样产生了。

臭氧层的功劳

如果说大气是地球的“外套”，那么臭氧层这个保护罩，被叫作“铠甲”更为确切，或者叫作“软甲”，就是那种古人穿在外套内防身的护具。

既然臭氧层是地球的保护罩，那么它到底是如何保护地球的呢？这就不得不从太阳系这个大家族的家长——太阳说起了。

太阳

作为“家长”，太阳是太阳系中唯一的恒星和会发光的天体，是太阳系的中心天体，也是地球最主要、最重要的自然光源。

想成为一个“家长”，必须有过人之处。

太阳的直径大约是 1 392 000 千米，差不多是地球直径的 109 倍，它的体积大约是地球体积的 130 万倍，它的质量则大约是地球质量的 33 万倍。这么大的体积和质量，让它对自己也产生了巨大的引力，这个巨大的引力在其内部形成一个巨大的压力。这个压力就促使太阳发生了聚变反应，也就是我们所说的燃烧。

其实这种由于引力产生内部压力，继而产生燃烧或高温的情况，地球也有。地球内部的岩浆就是因为压力引起的高温而产生的。

太阳燃烧自己产生的光，实际上是一种电磁波，分为可见光和不可见光。

顾名思义，可见光就是指大家能够看到的光，比如太阳光中的红、橙、黄、绿、蓝、靛、紫。听着耳熟吧？是不是让你想到了彩虹？

可别对你的老博士说，你还不知道我们平时见到的白色太阳光，实际是由七种单色光组合而成的。最早提出这个观点的，就是牛顿。那是在1666年，当时只是用了现在看来很简单的小手段，就是将房间遮暗后，让一束阳光投射进室内，然后在这束光线经过的地方放一个三棱镜。之后你就会发现，通过三棱镜的光，最终在墙上显现出一条由红、橙、黄、绿、蓝、靛、紫组成的七色光带。现在你应该明白了，彩虹之所以会是那七种颜色，就是太阳光中的可见光折射产生的。

不可见光则是指我们普通人的肉眼看不到的光，比如紫外线、红外线等。

红外线通过反射、折射和被吸收后，只有很少的一部分能够留在地面上。

红外线自从被人类发现后，竟然还成了人类的好朋友，被广泛地应用在医学领域中，如照射红外线可以改善血液循环、消除肿胀、促进炎症消散，以及治疗慢性炎症等。另外，高温杀菌、手机的红外接口、宾馆的房门卡、电视机的遥控器等，用的也都是红外线。

和乖巧的红外线相比，紫外线可就没那么好说话了。

紫外线分为长波、中波、短波，是对地球生物有害的健康杀手。

短波紫外线也就是 UVC，波长在 100~280nm（纳米）之间，它对生物的危害最大。幸亏它能被臭氧层全部吸收，如果来到地球，人类和地球上的其他生物，真的是没活路了。

中波紫外线也就是 UVB。它是人类健康的大敌，也是我们防御的重点，因为臭氧层是不能完全阻隔它入侵的。

长波紫外线也就是 UVA，虽然它的穿透力更强，但是却没有中波紫外线的伤害那么严重。

现在你该庆幸，幸好还有它，地球的保护罩——臭氧层。否则这些紫外线一股脑地投向地球，后果不堪设想。

臭氧层是地球的一道天然屏障，能吸收绝大部分紫外线，让地球上的生命免遭强烈的紫外线伤害。我们应该感谢它！

你不知道的

作为气象中的一种光学现象，彩虹一般出现在下雨之后。当太阳光照射到空气中的水滴，光线经过折射和反射，就会在天空中形成拱形的七彩光谱。你是否见过天空中同时出现两道彩虹呢？就是在正常的彩虹外边，出现另一个同心的、却相对较暗的彩虹，它被称为副虹。副虹是由于阳光在水滴中经过两次反射而形成的。

极地上空的危机

有了大气层这件绝对限量版的"外套"，地球原本是可以舒舒服服地过日子的，可是不知道什么时候，这件特别的"外套"竟然出现了问题。

什么问题呢？就是地球那独一无二的保护罩——臭氧层有了破洞。

南极的上空

南极在哪儿？地球自转的那个转轴，北端那个点就是北极点，而转轴的南端就是南极点。

地球自转的时候，南北极点的连线并不是竖直的，而是有个23° 26′的倾斜角。这就是你看到的地球仪并不是北上南下的方向，而是一个有点倾斜的状态的原因。这样制作地球仪，就是为了尊重事实。

世界上最冷的陆地

被人们称为第七大陆的南极，是地球上唯一没有人类定居的大陆，也是世界上最高的大陆。整个南极大陆都被一个巨大的冰盖覆盖着，仅从视觉上感受，这里还真像一个童话中纯洁的世界。

南极洲的年平均气温是 −25℃，内陆高原平均气温 −56℃左右。这里曾经出现过 −91.8℃的历史最低气温。南极洲是世界上最冷的陆地，没有之一。

南极不仅寒冷，还常年吹着狂风。南极始终雄踞“世界上风力最强”和“最多风”这两个宝座，全洲年平均风速 17.8 米 / 秒，沿岸地面风速常达 45 米 / 秒，最大风速甚至能达到 75 米 / 秒以上。

白色荒漠

虽然这里除了冰就是雪，但你若认为，这么多的“水”会让这里很湿润，那你就大错特错了。其实这里特别干燥，绝大部分地区年平均降水量不足 250 毫米，只有在南极大陆边缘地区才会有 500毫米左右的年平均降水量，整个南极洲的年平均降水量仅为 55 毫米。

至于南极点，那里根本不知道降水为何物。所以这里是当之无愧的“白色荒漠”。

四季是什么

如果你从小就生活在南极，那你一定不知道什么是四季。因为在南极绝不会有四季之分，那里只分为寒、暖两个季节，每年的四月到十月是寒季，十一月到下一年的三月是暖季。

当然，这个暖季也不过是相对而言的。如果你要想穿着泳衣，在充满浮冰的海边踩踩冰，玩玩雪，老博士也不拦着。只是记得在这么做之前要告诉我，我要准备好相机，来记录这“历史性的一刻”。

极夜和极昼

每年寒季的时候，在南极极点附近还会出现一种奇特的现象——极夜，就是整天见不到太阳。极夜出现的原因就是地球转动时的倾斜角。当然，在寒季南极全黑的时候，北极全天都是白昼，没

南极的极夜，中午 12 点，天还是黑的。

有黑夜。

想象一下整整一天都见不到阳光，黑夜始终包围在我们身边，或者整整一天都是白天，而没有黑夜，这也是一种新奇的体验呢！

卡克鲁亚笔记

因为南半球的季节和北半球是相反的，所以南北两极出现极昼和极夜的时间也刚好相反。每年的3月21日到9月23日，北极点出现极昼时，南极点则出现极夜。从9月23日至次年的3月21日，南极点出现极昼时，北极点则出现极夜。6月22日，北极圈上出现极昼，南极圈上出现极夜。12月22日，南极圈上出现极昼，北极圈上则出现极夜。

为什么同一个地球，会出现南北半球季节不同的情况呢？

简单地说，就是因为地球并不是直着“走路”的，阳光并不能直射地球，而是出现了一个60°34′的黄赤交角，所以太阳光一年会在地球南纬23°26′左右到北纬23°26′左右来回直射。因此北纬23°26′就被称为北回归线；南纬23°26′则被称为南回归线。当太阳直射北回归线的时候，就是北半球一年中白天最长的那一天。

生机勃勃的海洋

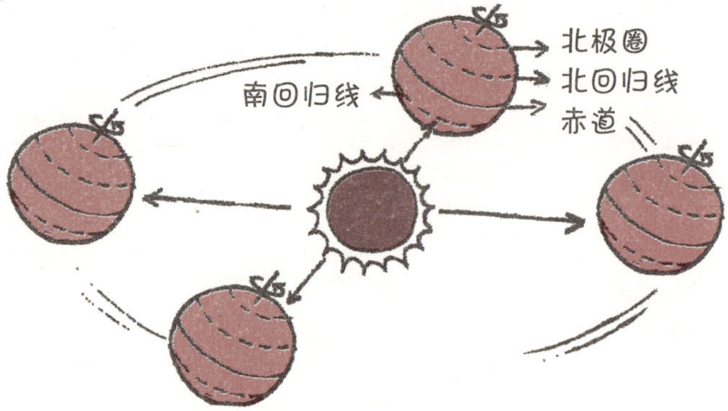

尽管在南极洲腹地，除了极其偶尔地能看到一些苔藓、地衣以外，这里真的几乎就是一片不毛之地，不过与大陆不同，这里的海洋却一直生机勃勃。

海洋里有海藻、珊瑚虫、海星、海绵以及许许多多叫作磷虾的微小生物。正因为有了磷虾这种小东西，南极洲众多的鱼类、海鸟、海豹、企鹅以及鲸才有了丰富的食物来源。

南极上空惊现“空洞”

好好儿的臭氧层，地球的保护罩，竟然出现了一个大窟窿！而这个大窟窿竟然就在南极的上空。

这个可怕的大窟窿，于

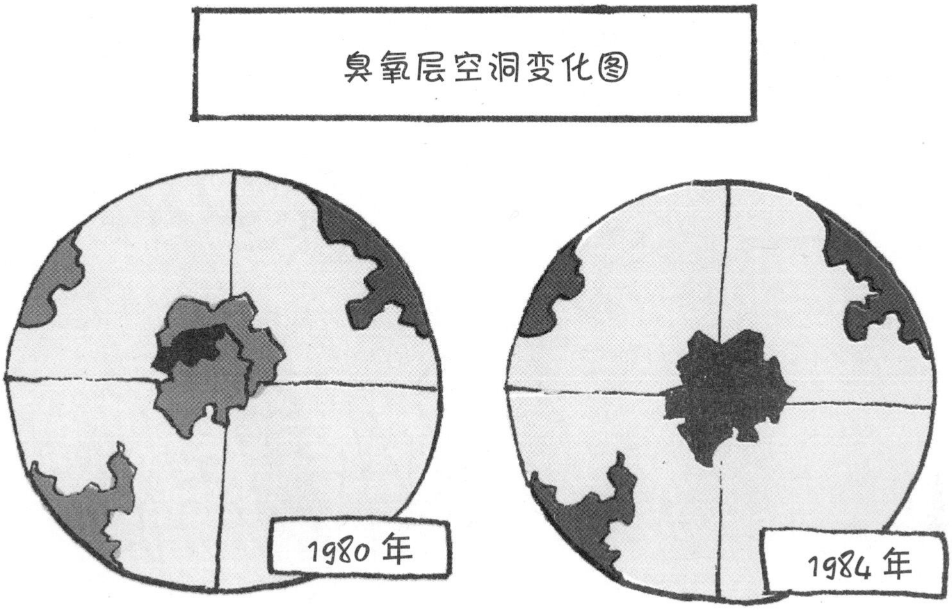

20 世纪 80 年代中期，首次出现在人们的视野中。那年，英国科学家发现南极上空的臭氧层出现了“洞”。第二年，科学家在南极观测发现，在那之前的 10 到 15 年间，每年春天的时候，南极上空的臭氧浓度都会减少约 30%，进而发现南极上空有近 95%的臭氧遭到破坏。从地面观测，高空的臭氧层已经变得非常稀薄，和周围相比，仿佛是一个直径达上千千米的“洞”。由此，“臭氧洞”这个在当时还是很新鲜的名字，走入了人类的世界。

据当时的卫星观测，这个南极上空的“洞”覆盖的面积，有时候比美国的国土面积还大。到 1998 年，南极上空臭氧洞的面积相当于南极的大陆面积(2 720 万平方千米)。

臭氧层空洞，从 20 世纪 70 年代开始，以每 10 年 4%的速度递减着。2000 年，卫星观测到的南极上空的臭氧层空洞，单日最大面

积达到了 2 990 万平方千米，已经差不多有 4 个澳大利亚大了。而在 2014 年，臭氧层空洞最大时有 2 410 万平方千米，几乎与 2013年时最大的空洞面积差不多了。如果你对 2 410 万平方千米究竟多大没有概念，那么想象一下整个北美洲的面积吧，就是那么大。

北极

去南极走一遭，到结束旅程的时候，竟然出现了煞风景的“空洞”。干脆换个地方，一直向北，来到地球的另一端，看看是不是能让我们来个 180° 的心情大转换。

不畏严寒的人们

北极指的是环绕在地球北极点周围的地区,包括整个北冰洋以及格陵兰岛(丹麦领土)、加拿大、美国阿拉斯加州、俄罗斯、挪威、瑞典、芬兰和冰岛 8 个国家的部分地区。

在北极圈内,有接近 300 万的常住人口。怎么样,南极和这里没法比吧?这里的原住民是因纽特人和拉普人。

最冷的海洋

和南极大陆不一样,北极是由这个世界上最浅却最冷的北冰洋和周边众多岛屿,以及北美洲和亚洲北部的沿海地区组成的。

有趣的是,北极最冷的地方并不是北极点,而是在南侧大约 27 个纬度的地方,位于西伯利亚东部的奥伊米亚康。也就是说,北冰洋是世界上最冷的大洋,但并不是北半球或北极地区最冷的地方。在西伯利亚的维尔霍杨斯克曾记录到 –70℃的最低温度,在阿拉斯加的普罗斯佩克特地区,也曾记录到 –62℃的气温。

为什么北半球最冷的地方并不在北极点呢?

奥伊米亚康是著名的西伯利亚冷高压的大本营,这里的地形又属于盆地,就更加促进了冷空气的聚积和辐射冷却了。尽管北极圈内的北冰洋上面有海冰覆盖,但冰下的热量还是会上传到冰上的低层空气,这就导致在这场低温“竞赛”中,北极点输给了奥伊米亚康。

北极的四季

北极的气候和南极恰好相反，冬季从每年的11月开始，一直持续到第二年的4月份。冬季占了整整半年，剩下的6个月就被春季、夏季和秋季平分了。

5月到6月是春季，7月到8月是夏季，而9月到10月就是秋季了。8月份是北极最暖的时候，不过温度也只有-8℃。

北极的寒冷可不是一般植物能够忍受的，所以你在这里根本找不到一棵大树，只有接近地面的低矮灌木、类禾本植物、草本植物、苔藓和地衣。

这是因为植物和人类一样，生长过程中需要很多热量，热量主要来自于太阳。可是纬度越高，阳光的照射就越少，热量也就越少。

为了生存下来，植物们只好越长越小，尽量减少表面积，这样才能维持生长和繁衍。

不过，在北极的一些地区还是有着艳丽的花朵，比如北极罂粟花。这些形如碗状的各色花朵，以它们短暂的绚烂向人们展示着生命的顽强。

动物多多

和南极相比，北极可热闹多了。这里生活着很多可爱的动物，有吃草的北极兔、旅鼠、麝牛、北极驯鹿，还有吃肉的北极熊、北极狼、北极狐。

海边还居住着海豹、海獭、海象和海狗，海里有角鲸和白鲸等六种鲸类，还有茴鱼、北方狗鱼、灰鳟鱼、鲱鱼、胡瓜鱼、长身鳕鱼、

白鱼及北极鲑鱼等多种鱼类。

除了地上跑的，水里游的，北极上空还有多达 120 种鸟类在此翱翔。虽然其中很大一部分都是候鸟，但是至少有 12种鸟类能够在北极过冬，其中，北极燕鸥算是一种非常特别的鸟类。

听到这话，你是不是要说，这有什么稀奇呀！

候鸟并不稀奇，但问题是它们每年都会从北极飞到南极，然后

再从南极飞回北极。厉害吧？这可不是一个仅仅用“长”就能形容的路程，因为从迁徙的角度来看，这就是最长的路线了，实在不能再往南，或者再往北了，地球上已经没有地方可供它们再长距离地迁徙了。

因此北极燕鸥是这个世界上已知的、迁徙路线最长的鸟类。

卡克鲁亚笔记

北极燕鸥是一种海鸟，以它们的两极迁徙闻名于世。这些了不起的鸟分布在北极附近地区，在北极以及欧洲、亚洲、北美洲等近北极地区繁殖。当秋天来临时，它们便飞越重洋，一直向着地球的最南方飞去。这是一些长寿的鸟，大部分能活20年。它们那瘦小的身躯，让人很难想象它们是如何奔波于南北两极之间的。

北极上空

看到“上空”两个字，你是不是想，看到博士要说这个就知道，肯定是要打碎刚刚建立的北极梦幻。

是啊，很遗憾，生活着这么多可爱生命的北极，也没能逃脱臭氧层空洞的厄运。近年来，这里也出现了臭氧层空洞，上空的臭氧减少了20%。

2011年，德国的物理学家马库斯·雷克斯通过对北极上空臭氧层的监控发现，北极冬季臭氧浓度下降的情况比以往更为严重。发现这个情况后，他感叹地说："在春天来临之前，第一个北极臭氧洞也许已经形成，这种发展速度非常惊人，可能将被载入史册。"

看到南北两极都要"沦陷"了，是不是有一种感慨油然而生？那就是——拿什么拯救你，我的臭氧层。

还是先别忙着感慨了，事情并没有就此结束。

世界第三极——青藏高原

你是不是觉得奇怪，两极都讲完了，哪来的第三极呢？

难道你忘了距离我们还算近的"世界屋脊"了吗？如果说南北两极各占地球一端，那么作为"世界屋脊"的青藏高原，就是地球上的巅峰了。

青藏高原是世界海拔最高、中国最大的高原。整个青藏高原总面积近 300 万平方千米，有 257 万平方千米位于中国境内。中国的西藏、四川省西部、云南省部分地区和青海省的东北部都位于青藏高原上。

位于青藏高原上的其他国家还有不丹、尼泊尔、印度、巴基斯坦、阿富汗、塔吉克斯坦和吉尔吉斯斯坦。

青藏高原实际上是由一系列高大山脉组成的高山"大本营"，地理学家称它为"山原"。

高原上的山脉主要是东西走向和西北—东南走向的。自北而南有祁连山、昆仑山、唐古拉山、冈底斯山和喜马拉雅山。这些大山的海拔都在五六千米以上。说到青藏高原，不用提其他的特点，仅仅一个“高”，就足以让其他地域为之“仰视”了。

卡克鲁亚笔记

喜马拉雅，藏语意思是“雪的故乡”。喜马拉雅山是世界海拔最高的山脉，主峰珠穆朗玛峰是世界上最高的山峰，海拔高达8844.43米。据最新测定的数据表明，珠穆朗玛峰平均每年都会“增高”1厘米。珠穆朗玛，藏语的意思是“雪山女神”。

河流发源地

俗话说，“水往低处流”，这句话在青藏高原这里，得到了确凿的印证。因为这里是亚洲很多大江大河的发源地，比如我们熟悉的长江、黄河、澜沧江、怒江和雅鲁藏布江，都是源起于此。

之所以源于此处，是因为这里有很多冰川、高山湖泊和高山沼泽，储存着大量的淡水资源。

动物们的天堂

如果真有天堂，青藏高原就是距离天堂最近的地方，因为这里高嘛！

青藏高原之所以是动物们的天堂，因为这里的环境不是特别

适合人类生存，所以广袤的大地就成了动物们栖息的乐园。

在这里，一共生活着大约210种野生哺乳动物，从大熊猫到金丝猴，再从藏羚羊到野牦牛、藏野驴、盘羊和羚牛，还有身形矫健的雪豹，以及白唇鹿、梅花鹿等中国一级、二级保护动物都生活在这里。

怎么样？全是国宝级别的！

为了让这些动物能够自由自在、不受打扰地生活，中国在青藏高原设立了很多自然保护区。

杜鹃花王国

生活着众多国宝级动物的青藏高原，同时也是独特的植物博物馆，桫椤、巨柏、喜马拉雅长叶松、喜马拉雅红豆杉、长叶云杉、千果榄仁等，这些珍稀濒危的植物几乎都是这里的特产。

青藏高原尤其值得骄傲的是，它拥有世界上最多的杜鹃花种

类，被人们称为“杜鹃花王国”。

这些濒危的植物和这里的动物一样，都是青藏高原自然保护区的主要保护对象。

臭氧层日渐稀薄

由于地势的原因，青藏高原是一片人类活动较少、开发程度较低的区域，这里的大部分地区都还保留着令我们惊叹不已的原始的天然状态。

就是这么美丽的地方，也难逃臭氧低谷的厄运。

中国的大气物理以及气象学家观测发现，这里的臭氧也在以每 10 年 2.7%的速度减少着。

早在 1999 年，西藏就召开了一次国际保护臭氧层会议。在这次会议上，科学家们拿出来一份报告，证明青藏高原上空夏季形成

的臭氧低谷现象如果任其发展下去，将成为世界上第三个臭氧层空洞。

科学界人士对话的内幕

让我们来看看专家们关于臭氧层的一些观点吧！

▶环保学家——通过对近年来西藏的气温检测，我们发现西藏的年平均气温在逐年升高，这都是因为臭氧层稀薄、紫外线照射量增大。

▶生物学家——我们通过多年的野外观察，发现藏北羌塘地区的雪线上升了100至150米，这大大缩小了一些高原动物的活动空间。

▶医学家——近几年，西藏地区白内障患者一年比一年多，发病率也在全国排第一，而且患者年龄越来越低，比平原地区的患者要提前五到十年。

▶气象学家——大家都说得很对，我再来补充一下，我们发现西藏地区的冰川消融量不断增大，使得蒸发量增大，降雨量增多，每到汛期，河流水量就猛增。这不仅让高原湖泊水位下降，还导致河谷周围的土地沙漠化。

听了这些专家的话，你是不是已经直冒冷汗了？他们的意思就是世界上第三个臭氧空洞，正在青藏高原上形成。我们亲爱的地球这个保命的“软甲”，竟然要出现第三个破洞了。到底是谁破坏了我们的臭氧层呢？臭氧层还能不能修补上呢？

倾听地球的人们

臭氧层告急，让人类有了警觉，但是究竟是哪些人敲响了警钟，唤起了人们对臭氧层的关注呢？

让我们将时间倒回到20世纪50年代。从1957年7月1日到1958年12月31日，这段时间被国际科学联合会理事会命名为国际地球物理年。其间，世界各国可以对南北两极、高纬度地区、赤道地区和中纬度地区，来一次全球性的联合观测。

功不可没的南极科考人

从1957年7月1日到1958年12月31日的国际地球物理年，也就是第三次国际极地年，拉开了现代科学考察时代的序幕。有来自167个国家的8万名科学家参加了这一年相关的科考活动，并有12个国家在南极建立了65个科考站。

在一年多的时间里，人们首次观察了南极冰盖的质量，并首次发现了环绕地球的范·阿伦辐射带，最重要的是促成了《南极条约》

的诞生。自此，一个南极科考的时代到来了。

南极科考的科学意义

作为一个没有人居住，未被污染的大陆，南极蕴藏着无数科学之谜和各种信息。在对全球气候变化的研究中，这里起着不可替代的作用。

在20世纪，有40多个国家在南极建立了100多个科学考察站，有多项重大科学研究都是在这里取得突破性进展的，如南极大气层中臭氧空洞的发现与研究、南极冰下大湖——东方湖的发现与研究等。

作为科学研究和实验的圣地，南极是和人类的生存与命运休戚相关的最后一片净土。

卡克鲁亚笔记

国际极地年是全球科学家共同策划、联合开展的大规模极地科学考察活动，有国际南北极科学考察的"奥林匹克"的盛名。自1882年至今，该活动仅组织了4次，分别为1882年至1883年、1932年至1933年、1957年至1958年以及2007年至2009年。在1957年至1958年的国际地球物理年，即第三次国际极地年，开展了最大规模的极地科学研究，并促成了《南极条约》的诞生。

乔·法曼

作为英国南极考察队的一员，剑桥大学的教师乔·法曼于1957年被首次派往哈雷湾观测站，他的任务之一就是测量空气中的臭氧含量。在当时，检测臭氧含量只是这些项目中微不足道的一小部分，也仅仅是做一些常规检测，作为其他研究的参考数据。

当时，英国南极考察队采用多布森分光光度计作为监测仪，对臭氧进行监测。主要通过测量到达地面的紫外线辐射，以此来间接反映大气中的臭氧含量。

此后的每年，乔·法曼都会回到南极，从事监测工作。1981年，正值南极的春季，在一次常规监测中得到的数据却引起了乔·法曼和同事们的注意。数据显示南极洲上空的臭氧层面积竟然比过去小了很多，乔·法曼和他的同事们都震惊了。

究竟发生了什么？难道是仪器出错了？不甘心的他们重新调校了仪器。但是在之后的1982年和1983年，所测得的数据显示了同样的结果。

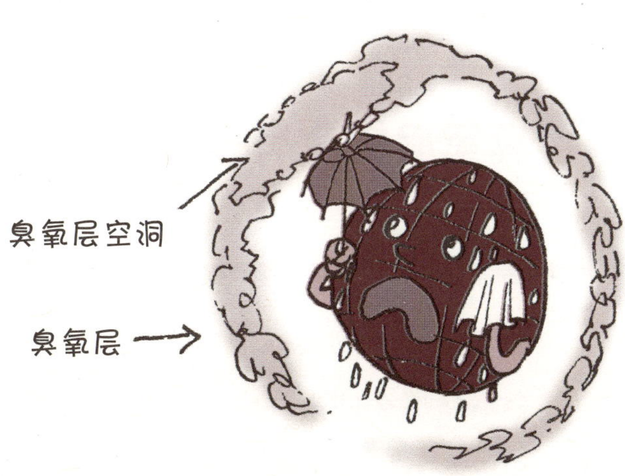

臭氧层破掉了

乔·法曼意识到有大事情发生了。1984 年 10 月，检测数据再一次提醒他们，南极上空的臭氧层面积真的大幅减少，甚至已经比平均水平减少了 40%，而且这个破掉的大洞已经扩大到了南美洲南端的火地岛。

乔·法曼和同事们重新翻阅过去的数据记录，发现南极臭氧含量的减少，实际从 1977 年就已经开始了。乔·法曼和同事加迪纳、尚克林一起，把这十几年来对南极上空臭氧含量检测的数据以及分析写成了论文，于 1985 年 5 月 16 日，发表在《自然》杂志上，正式提出了南极上空春季臭氧层空洞存在的现象。

他们的发现引起了世界的轰动。其实在 1981 年，同样在南极工作的两位日本科学家，也发现了南极上空臭氧含量减少的事实。不过他们只是把这一发现和研究发布在了日本国内的科学期刊上，所以没有乔·法曼他们的影响力大。但是他们的发现，的确对乔·法曼的研究起到了一定的帮助。

臭氧层究竟有多脆弱

薄如蝉翼的臭氧层

全球大气中的臭氧总量大约有 30 亿吨，听起来很庞大吧？其实完全不是那么回事。

如果在 0℃的温度下，沿着垂直于地表的方向，将大气中的臭氧全部压缩到一个标准大气压，那么臭氧层的总厚度其实只不过才 3 毫米。

你是不是以为你们的老博士一不留神说错了？3 毫米，对于整个地球来说，简直就是薄如蝉翼！不，应该说是——蝉翼中的蝉翼！这怎么可能呢？

然而你们的老博士必须强调一下，事实还真就是这样。这种计算方法叫作柱浓度法，是测量大气中臭氧含量的国际标准方法，采用多布森单位（简称 D.U.）来表示。正常大气中臭氧的柱浓度约为 300D.U.。

臭氧层空洞

科学家们是这样定义臭氧层空洞的：柱浓度小于 200 D.U.的臭氧，也就是臭氧的浓度比臭氧层空洞发生前减少超过 30%的区域，就是臭氧层空洞。

南极上空的臭氧层是在过去 20 亿年的漫长岁月中形成的，然而仅仅在一个世纪里，就被破坏掉了 60%。

好在臭氧还可以再生。之前我们说过，臭氧分子是可以

反复重新组合的，只不过臭氧的自我修复能力虽然强，但却赶不上破坏的速度，结果就导致了臭氧层空洞的产生。

人工可以合成臭氧吗

还记得臭氧是如何被发现并命名的吗？

1785 年，德国人在使用电机时，发现了一个很奇怪的现象，电机放电时会产生一种奇怪的、类似于鱼腥的臭味儿。直到 1840 年，这种臭味儿才被德国科学家舍恩拜因命名为臭氧。

如果你还记得，说明知识掌握得很扎实！

后来，科学家们通过研究发现，这种气体其实在大自然中很常见，打雷闪电都能产生臭氧。

常温常压下，臭氧是没有颜色的，但是这也只是在浓度较低的时候。如果浓度超过了 15%，我们就会看到有着迷人淡蓝色的臭氧。

另外，臭氧在溶于水后，就会变成一种强氧化剂，对活细胞有较强的杀灭作用。这一发现让臭氧应用在我们的生活当中，成了为我们服务的“好孩子”。

在科学家们坚持不懈的努力下，臭氧发生器诞生了，它能将空气中的氧气在高压、高频电的电离作用下转化为臭氧。人工生产的臭氧就这样来到了世界上，开始为人类服务了。

身边的臭氧

从 1856 年开始，法国医院就尝试使用臭氧为病房消毒。到了 1902 年，一个叫于里翁的人在巴黎医学院通过了吸入臭氧治疗百日咳的论文答辩，成为第一个用臭氧做研究而得到博士学位的人，这也是臭氧在医学领域取得巨大进展的标志。1936 年，法国人最早提倡直肠内吹入臭氧治疗慢性结肠炎，至此，臭氧在医学领域的应用越来越广泛了。

臭氧不仅在医学领域得到了广泛的认同，也征服了农业领域的专家们。农业学家利用臭氧无污染、无残留、低成本的优点，对农作物进行病虫防治。

施用臭氧后，农作物不长虫了，不生病了，还能有效增产。温室

番茄使用臭氧后畸形果明显减少，产量增加 20%左右，而且个个果实饱满、颜色鲜艳、口感香甜。

臭氧不会产生任何毒害残留，和那些高毒、高残留的农药相比，真是强太多了。

臭氧是一种强氧化剂，而农药是一种有机化合物，臭氧消毒水可以通过强氧化，对有机农药的化学键进行破坏，使其失去药性。同时，臭氧还能杀灭各种表面细菌和病毒，去除细菌效果是氯气的 1.5 倍，杀菌速度比氯气快 600 到3 000 倍。重要的是臭氧在室温下只需 15 到 25 分钟，就会自然转变为氧气，即便在水里，臭氧也会迅速转化为“生态氧”，没有残留。

另外，餐饮业用臭氧消毒，更加方便、省钱，效果也大大好于常规的消毒方式。

以往需要清洗很多遍的蔬菜水果，只需用臭氧水浸泡一下就可以了，不仅方便快捷，还能避免食物中毒现象的发生。

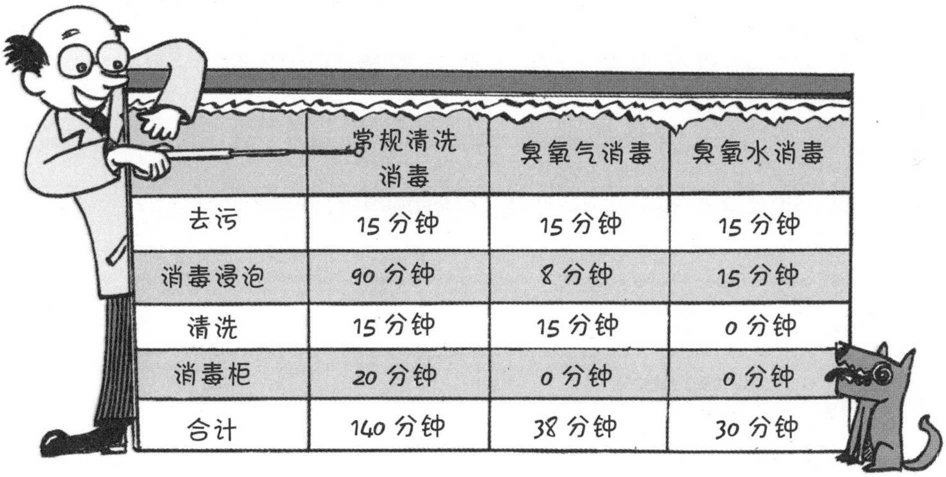

	常规清洗消毒	臭氧气消毒	臭氧水消毒
去污	15 分钟	15 分钟	15 分钟
消毒浸泡	90 分钟	8 分钟	15 分钟
清洗	15 分钟	15 分钟	0 分钟
消毒柜	20 分钟	0 分钟	0 分钟
合计	140 分钟	38 分钟	30 分钟

人工臭氧可以修补臭氧层空洞吗

你是不是又脑洞大开地想，既然已经能人工合成臭氧，还有了实际的应用，那么为什么不试着把这些臭氧发生器发射到空中，来修补“保护罩”呢？

你想到的这个方法，科学家们早就想到了，只可惜这样做的可行性并不高。

臭氧层产生是氧原子在太阳紫外线的照射下不断重新组合，循环往复的一个过程。但是目前我们制造的臭氧发生器所产生的臭氧能级，远远达不到臭氧层内臭氧的能级。也就是说，人工臭氧是极不稳定且易分解的，简单地说就是能量不够，或者耗能太大。

即使有一天，我们的科学技术能够制造出和自然臭氧能级相似或相同的臭氧，但是输送成本还是一个问题。臭氧层位于距地面20到50千米的大气中，而普通民航飞机的飞行高度仅在10千米左右。要持续不断地输送大量臭氧，成本可想而知。

看来眼下最好还是想办法让臭氧别再减少为好。

解决因臭氧层被破坏而带来的种种环境问题，还是要从全球角度出发，寻找到臭氧层破坏的根本原因，才能对症下药。

《南极大冒险》

看到这个标题，你是不是已经兴奋得笑起来，嘴里低语着："我看过《南极大冒险》这部电影，就是讲八条雪橇犬在南极如何团结一致，顽强求生，最后终于战胜恶劣的环境，和主人团聚的故事。"是啊，看它们抓鸟，看它们集体斗海豹……还真是让人感动。

你知道吗？这部电影其实是根据真实事件改编的，是当年发生在日本南极科考队的一件真事。真实情况是当人们再次返回南极时，十五条雪橇犬只剩下两条。后来，日本给这十五条雪橇犬建了纪念雕像，还根据这件事拍摄了电影《南极物语》，电影很真实地讲到，只有两条狗幸存下来，当然，这样的结局会让观众觉得很残酷。

实际上，在南极这样恶劣的自然环境下，十五条中存活两条，已经是很难得了。不过，人们应该还是喜欢看美版电影《南极大冒险》的结局，否则真的太让人伤感了。还记得影片结尾有段话，大概意思是谨以此片献给那些在南极艰苦环境中工作的人，以及他们忠实的雪橇犬们。

是的，我们应该记住他们和它们。现在我们就来讲一讲，第一个踏上南极极点的人吧！

南极第一人——罗阿尔德·阿蒙森

1872 年出生于挪威的极地探险家罗阿尔德·阿蒙森，是一个非常了不起的人。在他的探险史上，有两个闪光的“第一”——第一个航行于西北航道的人和第一个到达南极点的人。同时，他还是最早飞越北极的两位探险家之一，另一个人是意大利的探险家诺比尔。

年轻的时候，为了实现献身极地探险事业的理想，阿蒙森放弃了医生的工作，成为一名海员。在 1897 年到 1899 年的“贝尔吉克号”南极首次越冬探险中，他以大副的身份参与到其中。

在南极洲的掩蔽所内，阿蒙森和他的伙伴们为赴南极探险做好了准备。

1910 年 11 月，阿蒙森乘船离开挪威，前往南极。第二年的 10 月 20 日，他和四个伙伴乘着狗拉雪橇，赶在他的竞争对手——英国人斯科特船长之前，从罗斯冰架东端的基地出发，向南极进发，并于 12 月 4 日到达南极极点。他们在那里观察研究之后，于 12 月 17 日离开。

1911 年12 月 14 日，挪威国旗在南极上空冉冉升起。那一刻，阿蒙森的兴奋之情足以让他忘记探险路上经历的那些数不清的危险。

阿蒙森原本是想去北极的，但当他听说美国人已经抵达北极的消息后，就改变主意向南极进发。当时，斯科特已经率领着一个大型远征队向南极出发了，阿蒙森的南下必须抢在斯科特之前，否则他就成不了第一个踏上南极点的人。

阿蒙森这位极地探险家，可谓是为极地探险而生，也为极地探险而死。1928 年，诺比尔在乘坐飞艇进行第二次北极飞行的时候，探险队失踪了。听到此消息，阿蒙森立刻参加了搜救队，前往当地搜救。然而诺比尔并没有死，阿蒙森和他的伙伴却再也没有回来，他们的飞机失事了。

阿蒙森是成功的，毕竟他是第一个到达南极点的人。

对于阿蒙森的竞争对手——斯科特的结局，你一定也很好奇吧！

悲情英雄——罗伯特·斯科特

英国极地探险家罗伯特·福尔肯·斯科特出生于 1868 年，1881 年加入了英国海军。所以除了探险家的身份，他还是一名军官。

1900 年，斯科特开始了第一次南极洲探险，目标为罗斯海。此次探险，他发现并命名了爱德华七世半岛。

1910 年，斯科特决定重返南极，他的目标是成为到达南极点的

第一人。然而雄心勃勃的斯科特却发现他还有一个竞争者——挪威人罗阿尔德·阿蒙森。

这并不是主要问题，斯科特的这次探险之旅，似乎从一开始就存在着一些问题。他原本派一名驯狗专家塞西尔·迈尔斯去西伯利亚挑选雪橇犬，但中间改变主意，决定用小马作为运力，并让迈尔斯去采购小马。迈尔斯虽然很懂狗，但对马则完全是“门外汉”，结果自然可想而知。

在前往南极洲的途中，斯科特的探险队所乘的船只被浮冰困住了 20 天，导致预留过冬准备的时间不得不压缩。卸货的时候，还有一台拖拉机掉进了海里。

斯科特的远征队在 1911 年 11 月 1日，向着南极点的方向出发了。开始的一段时间，斯科特他们似乎还纠结于要不要用狗来拉雪橇，然而他们最终还是没有使用雪橇犬。要知道，马的耐寒能力可是远远比不上雪橇犬的！

当他们抵达南纬 87 34 的时候，斯科特宣布了最后冲击南极点的人员名单，除他自己外，还有中尉亨利·鲍尔斯、爱德华·威尔森博士、海军军士埃德加·埃文斯和陆军上尉劳伦斯·奥茨，其余的人则向北返回营地。

最终，最后的 5 人小队于 1912 年 1 月 17 日到达了南极点。然而在那里，他们看到的是挪威国旗，阿蒙森比他们早 44 天到达了这里。

可想而知，斯科特有多么失望。两天之后，他们踏上了归途。

返回的路途异常艰难，他们遭遇了极其强烈的寒冷低温。在 20 世纪 60 年代对南极洲大陆内部有气温记录之后，到现在的 50 多年中，只有一次气温曾经降到斯科特当年遭遇的那个寒冷程度。

尽管天气异常恶劣，探险队仍然坚持前行。但是队员们的身体

状况开始变得糟糕，当埃德加·埃文斯在1912年2月17日再一次跌倒后，就再也没有起来。

前方还有670千米的路程，恶劣的天气、冻伤，还有雪盲，饥饿和劳累就更不用说了，都在吞噬着他们的生命。

硬汉遗言——我出去转转……

陆军上尉劳伦斯·奥茨，原本身体状况就已经很糟糕，加上战争时留下了旧伤。他在1912年3月17日的早上，留下非常著名的一句话“我出去转转，可能得一会儿”。随后他走出营帐，再也没有回来……

你能想象在那样的环境和情况下，说一句“我出去转转，可能得一会儿”意味着什么吗？他不想再拖累同伴！

剩下的3个人又向前走了32千米后，于1912年3月19日，在给养补给点前18千米扎下了最后的营地。第二天，席卷而来的暴风雪阻挡住他们的脚步，之后的9天里，探险队消耗了所有给养。

其实那时候，他们距离补给点已经很近了，可惜啊！

8个月后，一支救援队发现了斯科特等3人的遗体，遗体的位置表明斯科特是3人中最后一个死去的。他们死的时候，还带着10多千克的岩石标本，以及阿蒙森探险队留在南极点的信。这是因为阿蒙森在到达南极点后，担心有可能在归途遭遇不测，所以就留下信，给之后到来的斯科特他们，请他们把信带回，作为自己已经踏上南极点的证明。

斯科特留下的部分遗物被带回，但他们的遗体则被永远安葬在南极。后来，他被英国国王追封为骑士。

在那样寒冷的冰天雪地中,雪橇犬曾经为人类的南极科考立下过汗马功劳。这充分说明了地球不仅是人类的家园,也是动物、植物等所有生命的家园。

腹背受敌的臭氧层

还记得大气的平流层中，紫外线和臭氧分子“交战”的事情吗？紫外线不断击破三个氧原子的组合，但是氧原子却顽强抗击，不断重新组合成臭氧，于是就形成了紫外线和臭氧之间的这种来来回回的拉锯战。

这是大气的一个化学过程，也是大气中臭氧含量浮动的原因之一。不过这种类似游戏的“战斗”，并不是导致臭氧层被破坏的主要原因，因为臭氧层总是有办法把臭氧含量维持在一个相对恒定的范围内。那么究竟是什么原因导致臭氧层被破坏的呢？

太阳竟然是一把双刃剑

太阳活动峰年

这里的“活动”，并不是太阳的常规辐射或者光线，而是说宇宙射线明显增强的一种表现。所谓的太阳活动峰年是指太阳黑子数量达到巅峰的一年。

就浩瀚的宇宙和地球接受太阳能量的程度来看，地球和太阳的距离并不远，所以增强的宇宙射线会促使双电子氮化物与臭氧发生化学反应，使其电子氮化物增加，转换为氧气，大气中的臭氧因此而减少。

卡克鲁亚笔记

太阳活动峰年是“山峰”的“峰”，而不是“发疯”的“疯”，尽管这其中的确有点过火的小疯狂。太阳黑子指的是太阳表面那些因温度相对较低，而显得发“黑”的区域，一般成群出现在太阳表面，所以被称为“黑子群”。

太阳黑子

太阳黑子是太阳表面的巨大气流旋涡，多近似于一个很大的椭圆形。这个区域的温度要比周围低 2 000℃，因此在明亮的光球背景衬托下，就显得有些暗了。而远在地球的我们看起来，这些“暗”的地方就成了黑点，这也是我们叫它“黑子”的原因。

黑子的寿命一般都很短，多在“出生”几天后就会消失，也有的黑子能长寿些，持续几个月以后才会消失。

你可别小瞧这些黑子，它们是太阳活动的重要标志，反映的是太阳的能量变化。一般来说，黑子的活动周期是 11.2 年，也就是说，在第 11 年，黑子会达到一个数量庞大的峰值，伴随而来的就是太阳活动峰年。

有峰年，当然就会有“谷年”了，也就是活动低潮的时候，一般在峰年之后，黑子的活动会慢慢减弱，在第 7 年达到一个低谷时期。低谷过后，黑子活动又会慢慢增强，在第 4 年达到顶点，也就是太阳活动峰年。

耀斑的威力

与黑子并存的，还有一种更加明亮的物质，叫作耀斑。它是一种最剧烈的太阳活动。

耀斑一般出现在黑子的上空，估计它特别喜欢玩儿“快闪”，所以出现得很快，消失得也很快，几分钟到几十分钟之间就会黯淡下来。在太阳活动峰年，耀斑出现得特别频繁，且强度极大。

别看耀斑只是一个亮点，一旦出现，简直是一次惊天动地的大爆发。这一短暂增亮所释放的能量，相当于地球上 10 万到 100 万次强火山爆发的总能量,或相当于上百亿枚百吨级氢弹爆炸的能量。

想象一下,就算地球上的所有火山同时爆发,所带来的总能量还不如耀斑轻轻松松的一次“快闪”,你是不是觉得宇宙空间要比地球神奇得多呢?

耀斑的爆发可不仅仅是为了好玩儿,它会发射出很多宇宙射线,并在短时间内释放出大量的能量。

耀斑发射的辐射种类繁多,除可见光外,有紫外线、X射线、伽马射线、红外线和射电辐射,还有冲击波和高能粒子流,甚至有能量特别高的宇宙射线。

这些耀斑爆发所带来的宇宙射线和高能粒子流,威力极强,尤其是在太阳活动峰年,耀斑的威力更大。这时候,地球的“外套”和“保护罩”,就显得力不从心了。

来自太阳的“杀手”

耀斑产生的大量高能粒子,会严重危及宇宙飞行器内的宇航

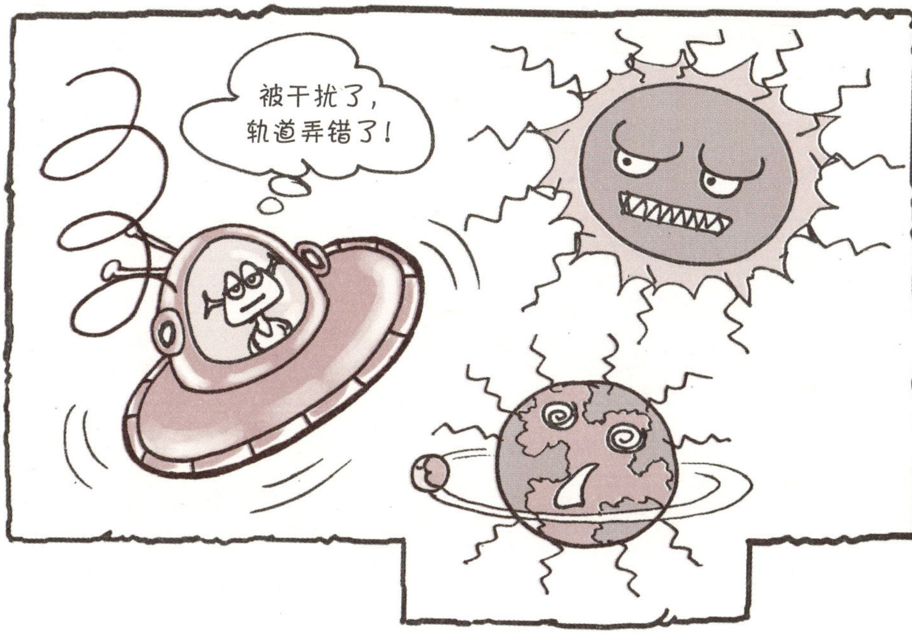

员和仪器的安全，还会与高层大气发生作用，干扰地球磁场，引起磁暴。

耀斑辐射还会与大气分子发生剧烈碰撞，破坏电离层，使其失去反射无线电电波的功能。无线电通信尤其是短波通信，以及电视台、电台广播，都会受到干扰甚至中断。最重要的是，耀斑爆发所发射的宇宙射线，在与大气发生反应时，能够产生破坏臭氧层的物质。

耀斑才是来自太阳的“杀手”啊！

大气层里的秘密

前面介绍的这两个原因，还不是引起地球臭氧层空洞的主要原因。

科学家通过长时间的监测发现，臭氧层空洞面积最大的时候一般都是在春季。这到底是怎么回事呢？

大气也在不断运动

还记得大气层的分层吗？

在垂直方向，由下而上分为五层——对流层、平流层、中间层、热层和散逸层。臭氧层就位于平流层的上部。

大气分层其实也是相对而言，并没有具体的、特别清晰的界限。伴随着大气的不断运动，实际上在每一层都或多或少地会有一些气体交换。大气运动的形式是多种多样的，不同的运动形式有不同的特点，它们的差别主要是促使大气运动的作用力不同而造成的。

混入平流层的“不速之客”

每到初春，在南极和北极的上空，太阳辐射会慢慢增多，加热空气，产生上升运动，将对流层臭氧浓度低的空气输入平流层，使得平流层的臭氧含量减小。也就是说，太阳辐射作用的结果也对臭氧层产生了稀释作用，这样一来，就容易出现臭氧层空洞。

对流层是高度最低的一层，它和人类的关系也最为密切。它的高度就是该层空气对流运动所能到达的顶端，因而其高度随纬度和地势高低而变化。

赤道因为得到了太阳过多的偏爱，所以空气对流运动比较旺盛，因而对流层较高。但是南极和北极就没有这么好的“待遇”了，太阳辐射较少，空气对流运动较弱，对流层就较低。而南极相对于北极要更冷一些，因而其对流层就更低。

至于“世界屋脊”——青藏高原，虽然纬度不是很高，但是它的地势高，所以空气对流运动也一样不够旺盛，因而对流层也较低。

正是由于这“三极”地区上空的对流层较低，因此它们上空的平流层的高度也相应地随之降低了。

南极上空的“冰云”

在冬季的半年里，南极上空有一个深厚的旋涡，气流沿着南极高原做顺时针旋转，把南极大陆封闭起来，从赤道来的富含臭氧的气流被拦在了南极上空之外。

而在旋涡中上升的空气，因为在上升过程中，气温下降的速度远超出正常速度，加上南极高原本来就海拔高、气温低，因而形成了一个极低的低温环境。

有多低呢？常常在 80℃以下。在这样的低温下，南极大气旋涡中的空气在上升过程中就会生成大量冰晶云。是的，你没听错，就是云中的水汽凝固成了冰晶。简直就是“冰云”了。

这些冰晶还会不断吸收一种能够破坏臭氧层的氯氟烃气体，导致它的浓度越来越高。这种情况下，一旦春天来临，阳光的照射带来大量热量后，冰晶云就会开始融化，迅速释放出氯氟烃气体。

氯氟烃远比紫外线厉害多了，它是臭名昭著的臭氧“杀手”，会发生化学反应来大量消耗臭氧。臭氧含量减少，就出现了臭氧层空洞。

到春末的时候，当南极旋涡开始残缺，直至被完全破坏消失后，

大量富含臭氧的新鲜空气就会从赤道一路南下，进入南极上空，填补这些空洞。

这就是臭氧层空洞一般都出现在春季，而且呈现出季节变化的原因。

这个氯氟烃到底是个什么东西？这些臭氧“杀手”又是从哪儿来的呢？

是非功过转头“悔”

惹祸的早期电冰箱

电冰箱作为现代人生活中重要的家电产品，已经为人们所熟知了。相信很多人，特别是年轻人，都有这样的经历，在炎热的夏天回到家中，直接冲到电冰箱前，打开电冰箱，拿出一罐冰镇饮料，一口气喝下去，那叫一个爽！

现在的年轻人，真的很难想象没有电冰箱的夏天，该是多么“不爽”。

据记载，1790 年，最早的人工制冷专利就已经被申请。几年后，便有了手摇压缩机和冷水循环冷冻法，这应该算是人类制造冰箱的最早基础了。

不过这些还远远达不到电冰箱的效果。1834 年，美国工程师雅各布·帕金斯发现，某些液体在蒸发的过程中会产生一种冷却效应，于是他便要求一些技术工人配合他的设想，制作了一个模型。没想到这个模型竟然真的产生了一些冰，这让工人和雅各布·帕金斯都很兴奋。接下来，通过反复试验，雅各布·帕金斯终于发明出世界上第一台压缩式制冷装置，这就是现代压缩式制冷系统的雏形。

当时的冰箱可不是普通百姓用得起的，那时主要用在远航的轮船上。有了大型的冷藏设备，意味着轮船在航海的过程中，船员和乘客可以吃到鲜肉。

将制冷设备投入市场的却不是雅各布·帕金斯，而是一个澳大利亚的印刷工人约翰·哈里森。

有一天，正当哈里森用醚清洗金属印刷铅字的时候，他发现竟然有物质出现了冷却效应。这一发现给了他灵感，于是他开始认真研究，终于在 1862 年的时候，哈里森的第一批冰箱问世了。

1879 年，由德国工程师卡尔·冯·林德制造的第一台家用冰箱正式来到这个世界。不过电冰箱被发明出来之前，冰箱还是没有大规模地走进人们的生活。

真正的家用电冰箱于 1913 年，在美国的芝加哥正式走入人们的生活。这是一种木质外壳，里面安装了压缩制冷系统的电冰箱，只不过使用效果并不理想。

世界上第一台机械制冷的家用自动电冰箱是在 1918 年诞生的。还是木质外壳，体型也显得粗陋而笨重。因为压缩机采用冷水，所以电冰箱的噪音非常大。但无论如何，这种电冰箱的诞生都标志着一个家电新时代的来临。

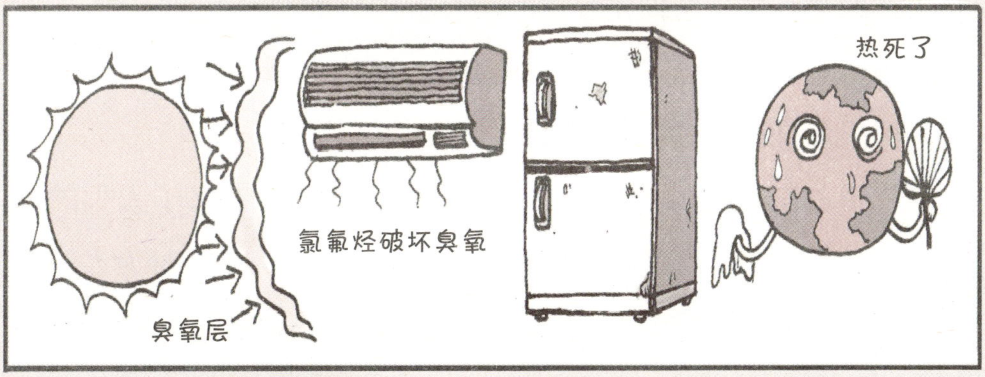

拯救电冰箱的氟利昂

在电冰箱刚刚问世的时候，用作制冷的气体往往都是一些危险的家伙，其中就包括氨、二氧化锂和丙烷。因为时常有泄漏的情况发生，这些制冷剂就显得非常危险。1929 年，在美国的俄亥俄州克利夫兰的一家医院，发生了一起电冰箱泄漏事故，导致超过 100 人在该事故中丧生。

这一事故引起了一个叫小托马斯·米奇利的人的注意。他原本是一名工程师，后来对化学在工业生产上的运用产生了浓厚的兴趣。当早期的电冰箱面临“危机”的时候，他便开始着手研制一种稳定、不易燃、无腐蚀性且无毒的新型制冷剂。通过对元素周期表的研究，他发现位于元素周期表右边的非金属元素，能在室温下生成气态的化合物。同时他还注意到，化合物的可燃性在元素周期表中，从左到右依次减小。

通过观察，米奇利认为，氟和其他较轻的非金属元素形成的化合物，可以用来制成优良的制冷剂。

经过两年的艰苦实验，米奇利终于合成了二氟二氯甲烷，也就是俗称的氟利昂。这种化合物的确有着理想的制冷效果，于是从 20 世纪 30 年代初开始，氟利昂大批地投入到生产中。自此，从家用电冰箱到空调，再到除臭喷雾剂，到处可见氟利昂的身影。

米奇利制造出的氟利昂，无疑给电冰箱产业带来了天大的喜讯。而他的另一个发明，也和氟利昂的发明一样，在当时为人类进入现代化生活提供了方便，那就是含铅汽油。他的这两项发明，在当时看来具有划时代的意义。

“福”背后险恶的“祸”

到了 20 世纪 80 年代后期，氟利昂的发展真可谓如火如荼，达到了前所未有的巅峰状态，年产量可达 144 万吨。而此前，全世界向大气中排放的氟利昂已经达到了 2 000 万吨。由于它们的化学性质特别稳定，所以可以在大气中长时间存留，甚至存在上百年都不在话下。

这些家伙简直就是大气里的“钉子户”。

这些氟利昂气体的大部分都停留在对流层，不过却有那么一小撮“不怀好意”的家伙，偷偷“溜”进了平流层。

本来在对流层待得好好儿的氟利昂气体，在进入平流层后就不那么“安分”了。这种人工合成的物质开始显现出它们那不为人知的真面目。此时，如果它们遇到了强烈的紫外线，正好“一拍即合”，氟利昂气体在紫外线的帮助下分解，释放出氯原子，与臭氧发生连锁反应，不断破坏臭氧分子。

据科学家测算，一个氯原子就可以破坏数万个臭氧分子。如此大的破坏威力，再多的臭氧也不够它祸害的呀！

源源不断且难以被自然代谢的氟利昂气体，就这样吞噬着地球的“保护罩”。这个人类自己制造出来的家伙，正在一点一点毁灭着我们生存的家园。

可怜的地球保护罩，就这样受到来自太阳紫外线和人类制造的氟利昂的前后夹击。

氟利昂和含铅汽油这两种曾经让人觉得意义非凡，也令发明者小托马斯·米奇利倍感骄傲的东西，在后来都成了被停止销售和禁止使用的东西。它们最终都在被证实给自然环境造成巨大污染之后，被淘汰出了历史舞台。氟利昂更是因为对臭氧层的破坏，让人们在使用电冰箱多年之后，对它有了极其深刻的认识。如果不是它的这种“罪恶行为”，一般人谁会关心电冰箱的工作原理和使用了什么制冷剂呢？

说到这里，你是不是感到疑惑，之前不是一直在说一种叫氯氟烃的家伙是如何伤害臭氧层的吗？怎么一下就跳到电冰箱的话题上，大讲特讲氟利昂了呢？

那是因为氯氟烃和氟利昂实际就是一种东西，一种原本自然界中并不存在，而纯粹是人类自己制造出来的东西。

氯氟烃也被叫作氟氯烃、氯氟碳化合物和氟氯碳化合物，它实际上是一组由氯、氟及碳组成的卤代烷。因其稳定、不易燃烧、无毒及良好的制冷效果，一度被广泛用于家用电器、泡沫塑料、日用化学品、汽车、消防器材等生产生活领域中。氟利昂是这种化学物质的别称。

让人欢喜让人忧的紫外线

太阳，这个地球的“老家长”，威力实在强大。在给你生的希望的同时，也带给你死的威胁。

面对太阳的强大威力，地球大气中的臭氧层拦截了大量的有害紫外线，让地球上的生命能够安心生活。

倘若没有了臭氧层，我们将面对什么样的情况呢？

紫外线是怎样被发现的

凡事都有着相对的一面，这句话还真不是老博士胡说出来的。你瞧，就是因为1800年，英国物理学家赫谢尔发现了可见光红光之外的不可见光——红外线，让德国物理学家里特产生了兴趣。他坚信，在物理学上也是具有两极对称性的。基于这样的想法，他想：既然光谱中红光的外面都有不可见的辐射，那么在光谱的紫光之外，就一定也有着不可见辐射的存在！

在这种想法的鼓舞下，里特在发现红外线的第二年，也就是1801年，发现了紫外线。

那时候，人们已经知道了氯化银在加热或受到光照的时候，就会分解而析出银来，而这析出的银，因为颗粒很小，看起来就是黑色的。有一天，心里一直惦记着“紫外线”的里特，恰好手里有一瓶氯化银溶液，于是他就想到是否可以通过氯化银来做个试验，看看能不能检验出太阳光可见光之外有什么东西。

里特用一张纸片蘸了一点氯化银溶液，然后把纸片放在白光经过棱镜散射为七色的紫光的外侧。过了一会儿，他看了一下那张纸片，果然，蘸有氯化银溶液的那部分纸片变成了黑色。

这一结果说明这一部分受到了一种看不见的射线的照射，也正如他所猜测的，在紫光的外面，还有一种不可见光存在。

里特当时的心情有多兴奋，我们猜不出来。他把这种不可见光命名为“去氧射线”，借以强调这是化学反应。没过多久，这个词又被简化为“化学光”，并在当时成为广为人知的一个名词。直到1802年，这个“化学光”终于有了最后的名字——紫外线。

坏紫外线

稍等一下，让你们的老博士去补一下防晒霜……

看到这里，你是不是在笑你们的老博士太矫情、太娇气了？如果你知道紫外线的厉害，恐怕就笑不出来了。

癌症的威胁

长期照射过量的紫外线，会引起细胞内的 DNA 改变，让细胞的自身修复能力减弱，并导致免疫机能减退，使皮肤发生弹性组织变性，促进角质化，甚至可能引起皮肤癌变。

你是不是在想，有这么可怕吗？

对人类来说，紫外线能够导致癌症的发生，早已不是什么秘密了。

人类常患的三种皮肤癌，基底细胞癌、鳞状皮肤癌和恶性黑色素瘤，都和紫外线脱不了干系。

基底细胞癌和鳞状皮肤癌还不算太可怕，因为以我们目前的医学技术，如果发现得及时，还是可以治愈的。在美国，每年大约有 50 万人罹患这两种皮肤癌。据美国环境保护局估计，臭氧每减少 10%，这两种皮肤癌的发病率就会增加 26%。

说到恶性黑色素瘤，可就没那么乐观了。光听这个名字，就知道它压根儿就没想让人被治愈。

怎么样，你现在不会再嘲笑涂防晒霜的人了吧？涂防晒霜不是矫情，也不是娇气，而是为了保护皮肤，不被紫外线伤害。

面对强烈的紫外线，出门时，不仅要涂防晒霜，还要记得戴太阳镜。这可不是为了装酷，而是为了保护你的眼睛不被紫外线伤害。被紫外线伤害到眼睛，可不是简单地做做眼保健操就能恢复的。

科学证实，紫外线的伤害是逐渐累积的，一旦造成伤害就是永久性的。长时间大量照射紫外线，会损伤角膜和眼晶体，还会导致患上白内障。

卡克鲁亚笔记

仅在美国，每年就大约有25 000人罹患恶性黑色素瘤。这种病比较危险，每年大约有5 000人死于此病。不光是美国，在靠近南极的澳大利亚，皮肤癌的发病率也增加了3倍，而南极恰恰是最早拉响臭氧层“警报”的地方。澳大利亚的昆士兰，是世界上著名的恶性黑色素瘤高发区。

失明于“光明”之痛

科学家们一直在强调，长时间大量照射紫外线，会损伤角膜和眼晶体，引发白内障、眼球晶体变形等眼部疾病。

在一些海拔较高、长时间高强度接受日光照射的地区，白内障的发病率明显高于其他省份，比如中国西藏地区。

如果必须长时间在户外活动或开车时，就需要戴茶褐色或者墨绿色、防紫外线系数在400以上的太阳镜，千万别嫌麻烦，别等到伤了眼睛再后悔。

如何让眼睛“防晒”

让眼睛“防晒”，最重要的一点就是千万不要直视太阳。别以为你和太阳比谁瞪眼睛时间长就会赢过它！因为看不了一会儿，你就会短暂失明，眼前一片黑暗。

如果你还不服输，长时间直视太阳，还有可能伤到视网膜，那就不用等到年纪大的时候患白内障了。所以老博士又要啰唆了，在紫外线辐射量最大的时候，也就是上午 11 点至下午 2 点，要减少待在户外的时间，避免过度的阳光照射。

破坏免疫系统的凶手

冬天的阳光显得不那么强烈了，但是你可别被这种假象欺骗，因为阳光虽然不那么温暖了，但是紫外线的强度却不弱。

气温的高低和紫外线的强弱没有太大关系，所以即使是在寒冷的冬季，紫外线强度也只比夏天弱 20%。

大气中的臭氧不断减少，吸收紫外线的能力也就大大降低了，其中波长为240至329纳米的紫外线,对生物细胞具有很强的杀伤作用。所以,过量的紫外线辐射会破坏人体免疫系统。

免疫力是人体最好的防卫,没有了它,随便来点什么病毒、细菌,人就会立刻得病。人类不是生活在真空中的,我们的四周到处都是细菌和病毒,我们之所以不是天天生病,就是靠免疫力把那些可恶的坏蛋阻挡在身体之外。

免疫力下降肯定会导致患病概率的增加,如呼吸系统传染性疾病、麻疹、水痘、疱疹和其他引起皮疹的病毒性疾病,以及通过皮肤传染的寄生虫病,如疟疾和利什曼病,还有细菌感染和真菌感染等疾病,一下子都会跑出来祸害人的身体了。

科学家预测,每当臭氧减少1%,全球白内障的发病率就会增加0.6%到0.8%。全世界由于白内障引起失明的人数将增加1万到1.5万人。如果不采取措施,到2075年,紫外线辐射的增加将导致大约1 800万人罹患白内障。

好紫外线

说了这么多,紫外线这家伙看起来真是充满了恶意。

这么说,紫外线恐怕要“喊冤”了,因为适量的紫外线对人体健康是有益的。它能增强交感肾上腺机能,提高免疫力,促进钙磷代谢,增强人体对环境污染物的抵抗力。

听到这里,你是不是又有些迷惑了?刚刚说紫外线会破坏免疫力,怎么现在又说它能增强免疫力了呢?

不是说了嘛!适量,适量!

适量的中长波紫外线照射,可以促进人类皮肤中的脱氧胆固醇转变为维生素 D。维生素 D 能够增强钙、磷在人体内的吸收,帮助骨骼的生长发育,有利于预防佝偻病。

如果儿童想促进骨骼发育,或者老年人想防治骨质疏松,都是离不开紫外线的。你可千万别说多补钙就可以,倘若没有维生素D,也就是不晒太阳,补多少钙都无法留在身体里,仅仅就是吃进去,排出来而已。

所以,预防紫外线的伤害,并不是让你逃离太阳。

帮人治病的紫外线

大量实验和研究表明,不同波长的 UVA、UVB 波段能够治疗类风湿性关节炎、红斑狼疮、银屑病、硬皮病、白癜风、玫瑰糠疹和皮肤 T 细胞性淋巴瘤等皮肤病。

医生通过对红斑狼疮患者的治疗研究，发现紫外线可以显著减轻症状，减少病人发生综合征的危险，而且治疗时间越长，治疗越有效。

紫外线做了哪些好事

紫外线具有超强的穿透力，人类就利用它的这一功能为我们服务，比如消毒。

紫外线能使微生物细胞内的核酸、原浆蛋白发生化学变化，因此可以被用来杀灭有害微生物，对空气、水、污染物体表面进行消毒灭菌。

紫外线消毒还是一种高效、环保、经济实用的技术，在有效地消灭致病病毒、细菌和原生动物的同时，几乎不产生任何消毒副产物。

紫外线对隐孢子虫的高效杀灭作用和不产生副产物等特点，让它在水处理中显示了很好的市场潜力，使它成为净水、污水、回用水和工业废水处理中最有效的消毒手段。

虽然紫外线也帮我们做了一些好事，但对于它产生的伤害，我们绝对不能小视。切记那个大前提——适量的紫外线照射。

秒杀病毒、细菌的紫外线

想知道紫外线是如何杀菌的吗？当细菌受到紫外线的照射后，细菌中的 DNA（脱氧核糖核酸）链就会断裂，继而造成核酸和蛋白的交联破裂。在杀死了核酸的生物活性后，细菌也就死亡了。

让我们通过一些数据来看看紫外线的杀菌威力吧！假设紫外线的辐射强度为 30 000 μ W/CM^2，也就是每平方厘米 30 000 微瓦。这个时候，只需要0.3秒，炭疽杆菌即被杀死，在同样的时间内，破伤风杆菌也同样毙命。而紫外线杀死大肠杆菌和结核杆菌的时间都是0.4 秒。至于杀死葡萄球菌，也就是 1.3 秒，杀死痢疾杆菌算是长一点点，大约是 1.5 秒。

怎么样？通过这几个数据，你能体会到什

么叫"秒杀"了吧!

在对付病毒方面,紫外线也毫不含糊。它杀死嗜菌胞病毒的时间为 0.2 秒,杀死流感病毒的时间为 0.3 秒。乙肝病毒算是有点负隅顽抗能力的,不过也只能坚持 0.8 秒。

同样的辐射强度,对霉菌中的黑曲霉,紫外线需要 0.3 到 6.7 秒时间,而杀死毛霉菌的时间只有 4.6 秒。对鱼类疾病中的白斑病,用时为 2.7 秒,即可解决战斗。对鱼类的病毒性出血病,紫外线只需要 1.6 秒,就完成任务了。

这里必须说明一下,对付这些细菌、病毒最厉害的紫外线,还是短波紫外线。事实上,早在 1878 年的时候,人类就已经发现太阳光中的紫外线具有杀菌消毒的作用了。

紫外线治理污水立大功

早在 20 世纪初,由于人造紫外线光源水银光弧,以及传递紫外光性能较好的石英材质灯管的相继发明,紫外线消毒工艺很快被应用到自来水厂中。

然而人类将紫外线消毒技术应用到污水处理系统,却是在大约半个世纪之后。随后的一些年里,人们又继续对运用紫外线消毒污水的技术进行了大量的研究。

人们之所以开始着重研究紫外线消毒的技术,是因为人们发现用氯消毒工艺对水消毒,排放入江河中的水中残留的氯会对水生

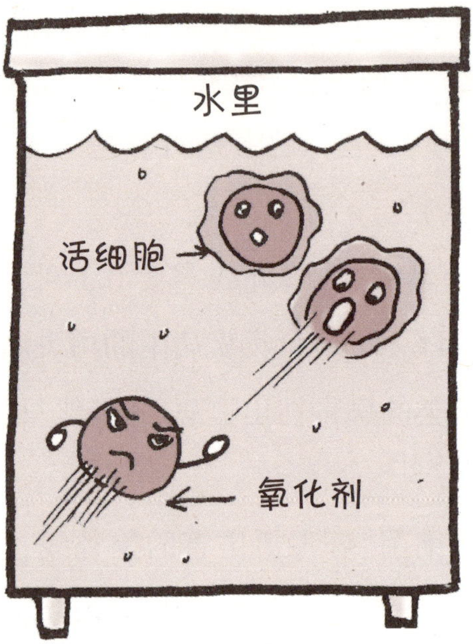

物种产生有毒的作用。不仅如此，氯消毒还会产生三卤甲烷等物质，对人有致癌作用，还会导致基因畸变。

如此严重的后果，不得不让人开始研究其他方式，用于对水的消毒处理。

加拿大率先开始了行动。安大略省水资源委员会在1965年和1969年，通过对紫外线消毒技术在城市污水处理以及对受纳水体的影响进行了一系列研究，最后得出结论，紫外线污水消毒技术可达到和加氯相同，甚至更好的效果。重要的是，紫外线消毒不会对受纳水体中的生物有任何毒副作用。也就是说，紫外线消

卡克鲁亚笔记

1982年，世界上第一套明渠式安装的紫外线消毒系统在加拿大问世，同时引入了模块化紫外线消毒系统的概念。也就是说，紫外线系统，可由若干个紫外线灯模块组成，而且水流是靠重力流动，这样就省去了水泵、管道和阀门。模块系统最大的好处就是可以对每一个模块进行单独维护，从而避免了整个系统的停机。

毒技术不产生消毒的副产品。

加拿大的这些研究，为推动紫外线消毒技术在污水治理中的应用，奠定了坚实的基础。

卡克鲁亚笔记大泄密

和卡克鲁亚博士一起游走于各个科学领域的伙伴们，大概对“卡克鲁亚笔记”早已不陌生了。你是不是很好奇，那本每次只是截取一百多字的笔记里，究竟都记录了些什么呢？或许有的小伙伴还会觉得卡克鲁亚博士真是个吝啬的老头，记录了那么多和科学有关的东西，竟然每次就给我们看那么一点儿。

这一次，为了让大家对紫外线有个具体的概念，就给你们多看点笔记中的内容吧。

紫外线，是我们知道的那些可见光——红、橙、黄、绿、蓝、靛、紫之外的不可见光。

▶短波紫外线，简称 UVC，波长在 100 到 280 纳米之间，对生物危害巨大，但能被臭氧层全部吸收。

▶中波紫外线，简称 UVB，波长在 280 到 315 纳米之间。中波紫外线可以对人体的皮肤产生生理作用，虽然很难渗入皮肤内，但会引起皮肤的病变。夏天，我们在长时间的强烈阳光照射后，会有红肿、水疱等紫外线过敏症状发生，就是这家伙捣的鬼。长期照射的后果更为严重，如红斑、炎症和皮肤老化，甚至引起皮肤癌。

▶长波紫外线，简称 UVA，波长在 315 到 400 纳米之间。长波紫外线对身上的衣服和人体皮肤的穿透性远比中波紫外线强，能够达到真皮的深处，而且能在皮肤表面引起黑色素沉积。让你变黑，变成看起来很健康的颜色，就是这家伙的作用了。

虽然长波紫外线对皮肤的作用缓慢，但是如果长期积累，还是会导致皮肤老化以及一些严重损害。

这就是过去那些总是在户外工作的人，如常年下地干农活的人，脸上总是过早地变得沧桑起来的原因。人们会说“风吹日晒老得快”。

怎么样，现在是不是对臭氧层的重要性理解得更加深刻了？如果臭氧层被破坏，就会把紫外线中最厉害的短波紫外线“放”进来。想想吧，仅仅这些比较“弱”的紫外线，都会给人造成伤害，如果那个短波紫外线被放进门来，我们的地球和地球上的生命，当然也包括人类，会有什么样的结果呢？

无处不在的紫外线

无处不在的阳光，自然也伴随着无处不在的紫外线。过量的紫外线除了直接危害人类的身体健康之外，甚至还会产生污染现象。

光化学污染

燃烧矿物燃料时排放的氧化氮，和汽车排放的挥发性有机物，在紫外线的照射下，会更快地发生光氧化反应，引起光化学烟雾污染。

据美国环保局估计，当臭氧耗减25%时，城市光化学烟雾的发生概率将增加30%，聚合物材料等老化的经济损失将高达47亿美元。

看见了吧，尽管这家伙本身是不可见的，但却能促进可见污染的产生。

卡克鲁亚笔记

光化学烟雾是由汽车、工厂等污染源排入大气的碳氢化合物和氮氧化物等一次污染物，在紫外线的作用下，发生光化学反应生成的二次污染物。它在大大降低能见度，影响人们出行的同时，还能危害人类和动物健康，影响植物生长，甚至对建筑材料也有影响。最著名的洛杉矶光化学污染事件，就是一个最好的佐证。

某些东西寿命缩短的原因

建筑、喷涂、包装及电线电缆等聚合物材料，为什么在使用过程中，寿命都大大缩短了呢？

你可别以为都是因为制造商黑了良心。那些原本结实耐用的产品，在不断增强的紫外线面前也不得不屈服，加速降解和老化变质的速度。无论是人工聚合物，还是天然聚合物，以及其他材料，都逃脱不了紫外线的摧残，特别是在高温和阳光充足的热带地区，这种破坏更为严重。

能不能也给它们穿上“保护罩”？

科学家们也希望能够在这些材料中加入光稳定剂和抗氧剂，或者进行表面的处理，以保护它们不受到紫外线的破坏，但是必须要同时满足下面三个条件才行。

▶光稳定剂和抗氧剂能够做到“威武不能屈”，不怕紫外线的强烈照射，即使紫外线增强也依然有效。

▶光稳定剂和抗氧剂能够做到“富贵不能淫”，不会随着紫外线辐射的增加而被分解掉。

▶光稳定剂和抗氧剂能够做到“贫贱不能移”，就是要具有普遍应用的价值，换而言之，就是要便宜，要大家都能接受，而不是需要付出高昂的经济代价。

到目前为止，如何利用光稳定性和抗氧性更好的塑料或其他材料替代现有材料，都是正在研究中的课题。

紫外线对人体的最大好处，应该算是提供维生素D了。晒太阳是补充维生素D的一种来源，而另一种来源则是食物，比如阳光中的紫外线是促使蘑菇产生维生素D的重要因素。无论是采摘后的蘑菇，还是没采摘的蘑菇，都有此项功能。维生素D在人体中最牛的作用，要算是促进钙的吸收了。

紫外线对其他生命的戕害

紫外线对人类生活的影响，我们已经有了一些了解。但是你可别忘了，人类只是这个地球上所有生命中的一部分，还有植物和动物呢！面对"破门而入"的紫外线，它们会有什么样的反应呢？

让我们先来看看紫外线对和我们息息相关的农作物的影响吧！

农作物的减产和饿肚子

和我们"抢"粮食的紫外线

紫外线又不"吃"粮食，为什么要跟我们"抢"呢？

因为当臭氧层被大量损耗后，吸收紫外线辐射的能力也就大大减弱，这就导致到达地球表面的中波紫外线明显增强，地球上超过 50%的植物都会受其影响，比如豆类、瓜类、番茄、甜菜等作物，质量将会下降。

瑞士的一些科学家经过长时间研究，观察到高强度紫外线的照射能够使植物生殖细胞发生基因变异，让植物基因受损。而且这种损害有可能遗传给下一代，长此以往，将导致植物物种变得不稳定。这种不稳定将把之前农业学家辛辛苦苦培育出来的优良品种毁掉！

有害基因还会导致叶绿素及其他细胞器受损，使农作物不能进行正常的光合作用。农作物不能进行光合作用，就不能生长，会导致农作物质量下降或减产，甚至绝产。

有研究表明，如果臭氧减少 25%，大豆产量将会下降 20%到 25%，大豆的蛋白质含量和含油量也会降低。

1771 年的某一天，英国科学家普利斯特莱在做实验的时候发现，当他将点燃的蜡烛和绿色植物一同放入密闭的玻璃罩内，蜡烛变得不容易熄灭了。而当他把小老鼠和绿色植物一同放入玻璃罩内，小老鼠也没有因为窒息而死。这些发现证明了植物可

卡克鲁亚笔记

光合作用其实是一系列复杂代谢反应的总和，也是生物界赖以生存的根本，还是地球碳氧循环的重要媒介。光合作用也叫光能合成作用，是那些含有叶绿体的绿色植物和某些细菌，在太阳可见光的照射下，经过光反应和暗反应，利用光合色素，将二氧化碳和水转化为有机物，同时释放出氧气的一个过程。

以更新空气，这应该是人类对光合作用的首次发现吧。

紫外线对农作物的直接影响

农作物的生长在直接受到中波紫外线辐射的时候，也会因为各自“体质”的不同，而产生不同的反应。

不仅不同种类的农作物产生的反应有所不同，甚至同一种农作物，也会因为品种不同，对紫外线辐射产生的反应有所不同。

所以科学家们也没有办法给农作物穿上统一的外衣，来达到阻挡这些有害辐射的目的。现在他们正在努力培育耐受中波紫外线辐射的农作物品种，希望能一劳永逸地达到农作物抵抗紫外线辐射的目的。

紫外线对植物的间接影响

除了直接影响，紫外线中的中波紫外线也有很多附带伤害，例如农作物形态的改变、农作物各部位生物质的分配等，甚至二级新陈代谢都可能受到中波紫外线的破坏。

我们都知道地球是一个整体的生物圈，无论其中哪一个环节受到伤害，带来的都是整个地球的损害。这些损害影响着植物的竞争和平衡，继而影响到食草动物的生存状况……这一系列连锁反应，最终会导致地球整体生物圈的错乱。

藏水里也躲不掉

紫外线的穿透力可不是一般人能想象的，陆地上的植物和动物逃不过，即便是那些"藏"在水里的，同样也躲不开。

浮游植物的杀手

别看浮游植物很小，有的甚至只能用显微镜才能看见，可是这些小家伙的作用却大得很，它们是测量水质的指示生物。

一片水域的水质如何，只要看看浮游生物的数量，就能知道个大概了。通常情况下,当浮游植物减少,或者过度繁殖,就表示这片水域的质量正趋向恶化。

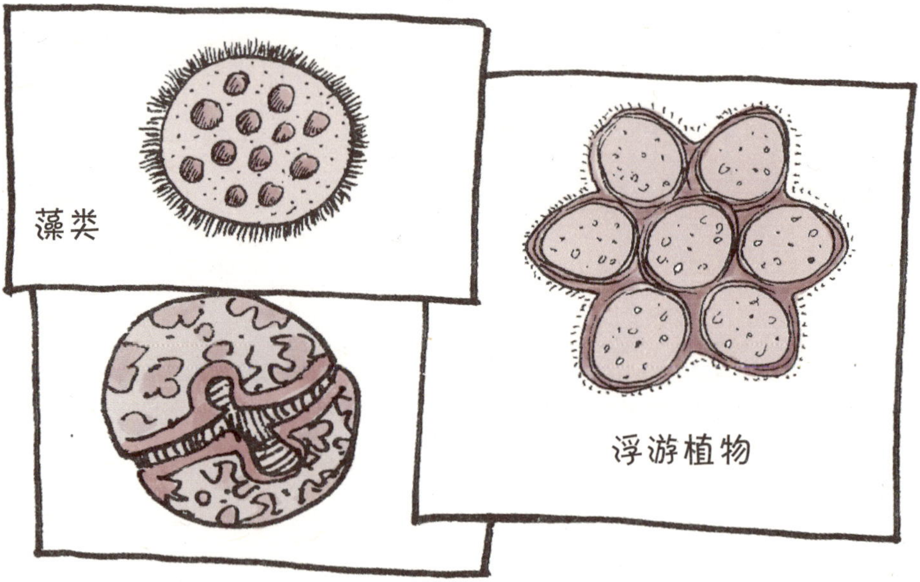

海洋里的浮游植物并不是均匀分布的,通常在高纬度地区的密度比较大。和高纬度的浮游植物相比,热带和亚热带地区的浮游植物密度要低得多呢!

除了水温、海水盐度和可获取的营养物之外,影响海洋里浮游植物分布数量的另一个重要原因,就是中波紫外线的辐射强度。因为热带和亚热带地区的阳光照射更强烈,所以紫外线也更强,也就降低了这些生物的存活率。

仅凭上面这些话,大概还不能引起你们的重视。为此,科学家们对南极地区的中波紫外线辐射及其穿透水体的量进行了测定,借以证实天然浮游植物群落与臭氧的变化有直接关系。

当南极上空臭氧层空洞扩大,紫外线照射增强时,浮游植物就

会减少。别以为这是什么小事，要知道，浮游植物可是海洋食物链的基础，浮游植物种类和数量的减少，会直接影响鱼类和贝类生物的产量。

另一项科学研究的结果显示，如果平流层臭氧减少 25%，浮游植物的初级生产力将下降 10%，这样的下降将导致水面附近的生物减少 35%。

卡克鲁亚笔记

浮游植物指的是在水中以浮游状态生活的微小植物，通常指浮游藻类。浮游藻类可分为蓝藻门、绿藻门、硅藻门、金藻门、黄藻门、甲藻门、隐藻门和裸藻门 8 个门类。全世界已知的藻类植物约有 4 万种，淡水藻类约有 25 000 种。

其他生物也逃不掉

不仅仅是海水浅层的浮游植物，科学家们还发现，中波紫外线辐射对鱼、虾、蟹、两栖动物和其他动物的早期发育也有很大危害，最严重的影响就是繁殖力下降和幼体发育不全。

如果某种生物失去了繁殖能力，那么这个种群距离彻底消失就不远了。

森林也一起遭殃了

地球卫士——森林

森林能吸收二氧化碳，释放氧气，还有除尘、杀菌、净化污水、降低噪音、防止风沙、调节气候等作用。

杉、松、桉、杨、圆柏、橡树等树种，还能分泌出带有芳香味的单萜烯、倍半萜烯和双萜类气体。这些物质简直就是“杀菌素”，能杀死空气中的白喉、伤寒、结核、痢疾、霍乱等病菌。

经研究发现，在没有森林的地方，每立方米空气中含有 400 万个病菌，而在林荫道处只含有 60 万个，到了森林中就只有几十个了。看见了吧，对于我们来说，森林是多么有价值啊！

实验证明，当绿色对光的反射率达到 30%至 40%的时候，对人的视网膜组织的刺激恰到好处，可以吸收阳光中对人眼有害的紫外线，使眼疲劳迅速消失。这也就是当我们读书累了的时候，抬头看看窗外的绿色植物，可以“养眼”的原因了。

眼睛的“保护神”

为什么绿色会让人觉得眼睛舒服呢?

因为每种颜色对光线的吸收和反射都是不同的。过分鲜艳的颜色会使人产生倦怠感,过分深暗的颜色则会使人感到心情沉重。

红色对光线的反射是67%,黄色的反射是65%,绿色的反射是47%,青色只反射36%。由于红色和黄色对光线的反射比较强,因此让人感觉很刺眼。

红色刺眼最有趣的实例,就是斗牛表演了。一般人都觉得是红色激怒了公牛,让它狂躁起来。其实牛和很多动物一样,都是色盲。激怒公牛的并不是那块红布,而是布的抖动。斗牛士之所以会用红布斗牛,根本原因就是因为红色足以给观看斗牛的人带来视觉上的刺激。

青色和绿色对光线的吸收和反射都比较适中,所以深受人体神经系统、大脑皮层和视网膜组织的喜爱。

卡克鲁亚笔记

我们都知道绿色对眼睛有好处，但这并不是说只要看了绿色的东西，就会对眼睛有好处，而是说远眺大自然的景物，可以有效缓解眼睛的疲劳状态。如果看一尺以内的东西，就算是绿色的，对眼睛也没有什么益处。

对森林的伤害不容小视

森林是人类的好朋友，同时也是紫外线的受害者。中波紫外线辐射的增强，无时无刻不在伤害着森林。

科学家对10个种类的针叶树幼苗进行研究，结果表明其中3个品种受紫外线辐射的影响产生了不良后果。

近年来，植物学家们通过对树木的观测和实验发现，20%的树木对紫外线辐射增强的反应特别敏感，50%的树木属于中度敏感，只有30%的树木完全不敏感。

植物学家们对木本植物受到紫外线辐射影响的研究还处于起步阶段，就现有的技术和设备，还没办法预测紫外线辐射增强对整个森林生态系统，以及地球生态系统的影响。

因此，紫外线对森林的伤害格外令人担心。

正所谓知己知彼，才能百战百胜。相信科学的进步，能够让人类对紫外线有更多的了解和认识，让人类想出相应的办法来对抗它。当前的重中之重，就是保护好地球的“保护罩”——臭氧层，尽量把那些可怕的家伙阻挡在地球之外。

你不知道的

如果看过这一章的内容，你还是对紫外线如何伤害到植物和动物没有一个清晰的概念，那就想想之前讲紫外线是如何杀菌的内容。既然紫外线能让细菌的DNA链发生断裂，它又怎么可能不伤害到其他生命的DNA呢？DNA链的断裂，对生命体而言，无疑是很严重的事情。所以将最致命的紫外线挡在地球之外的臭氧层就显得格外宝贵了。

“发烧”的地球

人类、植物、动物，甚至深藏在海底的那些生命，都抵不住强烈紫外线的伤害。倘若生命都陷于如此境地，那么生命赖以生存的地球，又会是什么样子呢？

还是让我们鼓足勇气，看看那些已经发生的可怕变化，倾听那些即将失去家园的可爱动物们的心声吧！

崩塌的冰山

一名摄影师在格陵兰岛附近海面一座将近 50 米高的冰山前，准备拍摄一组小艇穿过冰山拱洞的照片。

当小艇行驶到冰山附近，摄影师正准备拍摄时，一件完全出乎大家预料的事情发生了——一块巨大的冰块突然从冰山上脱离，坠落海水中，瞬间激起了滔天巨浪。幸运的是小艇当时还没有行驶到拱洞下面，驾驶小艇的人见此情景迅速躲避。而在远处准备拍摄的摄影师和其他人则在惊恐和焦急中大喊着：“跑！快跑！”

随后，这座近 50 米高的冰山轰然坍塌。整个事件让在场的人无比震惊。据摄影师本人说，当时的场面仿佛是发生了一场海啸一般。

融化

我曾看到过几张照片。

2008 年 7 月的斯瓦尔巴特群岛附近，一头孤立无援的北极熊站在消融的冰面上。不知道它现在可好？

2010 年 6 月，也是在斯瓦尔巴特群岛附近，一头北极熊妈妈带着两只幼崽走在已经消融的零零散散的冰面上。它们现在还好吗？那两个北极熊宝宝是否健康长大了？

还有一张是南极华盛顿角的帝企鹅，孤独地站在冰天雪地中。

这些照片的拍摄者是美国的著名摄影师卡米尔·希曼。从 2003 年起，她历时十几年，从北极到南极，走过很多地方，拍摄了这些因为气候环境恶化导致的冰川消融的照片，并集结成集——《融化》。

对于为什么要拍摄这些照片，她给出了这样的回答："目前有无数的极地冰川正在逐渐消融，动物们面临危险的生存境地，我希望通过拍摄这些照片，警示人们全球气候变暖带来的危害，它实际上和我们每个人都息息相关。"

这也正是我要对大家说的。

全球变暖

直到近代，科学家们才开始检测地球的气温，尽管之前也有一

卡克鲁亚笔记

斯瓦尔巴特群岛位于挪威与北极之间，也就是在北纬74°到北纬81°之间。虽然这里距离北极极点很近，但因受到墨西哥暖流的影响，气候相对温和。数量不多的居民中，大多是因纽特人。壮美的峡湾和瑰丽的冰山，以及绚丽的极光景观，让这里闻名世界。这里的岛屿被占陆地60%的冰川覆盖着，从陆地到海洋，生活着很多珍稀的海鸟、驯鹿、北极狐、北极熊、海豹和抹香鲸等。

些温度记录，但是来源和准确性都不是那么可靠。一直到1860年，科学家终于发明了可以监测全球温度的记录仪。尽管当时的记录没有将城市热岛效应考虑进去，但是所检测到的数据仍然有很大说服力。

记录显示，1860年到1900年间，全球陆地与海洋的平均温度上升了0.75℃。

自1979年开始，陆地温度上升了0.25℃，海洋温度上升了0.13℃，陆地温度上升幅度大约是海洋温度上升幅度的一倍。

根据气象卫星传回的数据，人们惊讶地发现，不仅仅是地球表面的温度上升，大气温度竟然也在上升，对流层的温度每10年就会上升0.12℃至0.22℃。

自2000年以后，很多国际组织开始对过去1 000年的全球温度进行研究，终于确定，地球自1979年开始的气候转变过程是十分清晰的。

从20世纪初开始至今，地球表面的平均温度增加了约0.6℃。在过去的40年中，平均气温上升0.2℃到0.3℃。

研究显示，在20世纪，全球变暖的程度超过在过去400年到600年中任何一段时间。

特别注意

生活在大城市里的人，很难见到真正的土地。由于城市的建筑群密集，柏油路、水泥路面和周围郊区的土壤、植被相比较，具有更大的吸热率和更小的比热容。这就导致城市地区升温较快，并向四周和大气中大量辐射，造成了同一时间内，城区气温普遍高于周围的郊区气温，这种现象我们称之为城市热岛效应。

冰川消失的速度惊人

如果全球平均气温升高3℃到5℃，两极地区就可能升高10℃。气温的升高会导致两极地区冰川融化，进而引起海平面升高。

美国和加拿大的科学家通过观测联合宣布，在加拿大努纳武特区埃尔斯米尔岛的北部海岸附近，3 000岁“高龄”的北极冰架“老大"沃德·亨特将失去其霸主地位。他们通过雷达勘察了解到，2000年的时候，388.5平方千米的沃德·亨特出现了一个小裂缝，2002年，这个裂缝扩大为77米，旁边又出现了一些新的裂缝。而今，一块6平方千米大小的浮冰已经被分离出来，漂在沃德·亨特附近，沃德·亨特最终将一分为二。

自1993年开始，北极地区的格陵兰冰盖南部和东部的边缘也以每年1米的速度变薄。

而占全世界冰储量91%的南极冰盖，自1998年以来，占总面积1/7的冰体已经消失。南极3个最大的冰川在过去的10年内已经变薄，厚度减少了45米。

危机四伏

尽管全球变暖并不是臭氧层被破坏直接导致的，但却是间接原因之一。因为臭氧层空洞的出现，以及大气中臭氧含量的减少，会使大量的紫外线直接照射地球，进而加重全球变暖的趋势。

另外，造成臭氧层破坏的主要物质是氯氟烃，它和二氧化碳一样，都是温室气体。也就是说，氯氟烃不仅能破坏臭氧层，还能起到和二氧化碳一样的作用，那就是——加剧全球气候变暖。

没想到吧？氯氟烃竟然是个"多面杀手"。

冰雪“童”话

▶北极熊宝宝的日记

我是北极熊宝宝，我的家乡在美丽而寒冷的北极，但我可不是惧怕严寒的胆小鬼！因为我有着厚厚的皮毛可以遮风挡雪。别看我现在还小，以后会长得特别高大，是世界上最大的陆地食肉动物呢！

如果你想来我的家乡旅行，我会好好儿地招待你，不过首先我得让自己胖起来，像我爸爸一样。我们北极熊在漫长的冬天来临之前，会把自己吃成一个大胖子！因为只有厚厚的脂肪才能对抗寒冷啊！

但是你要来这里可得趁早，因为不久的将来，我的家乡就要消失了。北极上空的臭氧层出现了空洞，所以不能像以前一样继续保护我们不受到紫外线的强烈照射了。

我好想继续和兄弟姐妹们一起在冰雪上打滚儿玩要，还想继续和妈妈学习怎样捕鱼……然而气温越来越高，让大量的冰川开始融化，我们的活动空间越来越少了，食物也因为活动空间的减少而不断消失。作为北极霸主，有时候就连爸爸妈妈也没办法保护我们这些年幼的孩子，我们甚至还有可能沦为别人的食物。谁来帮帮我们呢？

▶企鹅宝宝的日记

我是企鹅宝宝，怎么样，我长得好看吧？像不像穿着燕尾服的绅士？不许笑我！多伤人家自尊啊！不过我知道，你们的笑并没有恶意，因为你们总是喜欢用一个“萌”字来形容我。

别看我走路左摇右摆的，一旦进入海里，我的游泳本领会让你惊叹！我们短小的翅膀是非常厉害的“桨”，在海里的游泳速度可达每小时 25 到 30 千米呢！一天游个 160 千米，完全是小菜一碟。所以人类就把“海洋之舟”的美称送给了我们。

我们其实是一种禽类，而且是一种最古老的游禽。早在地球穿上“冰甲”之前，我们的祖先就已经在南极安家落户了。

可是现在的我们，却面临着失去家园的境地。因为南极上空的臭氧层空洞一年比一年大，紫外线照射也一年比一年强，温度的升高使冰川和积雪开始融化，我们的家就快消失了……我们爱吃的那些小鱼和磷虾也快没有了，我还想在这里抓小鱼，还想在这里长大，和我爱的另一半一起孵出我们的小宝宝！

你们说，我的心愿会实现吗？

人类的家园

和北极熊、企鹅有着同样命运的，还有人类自己。

全世界有 3/4 的人口居住在离海岸线不足 500 千米的地方，由于气候变暖、冰川融化、海平面上升，许多沿海城市、岛屿或低洼地区都将被海水吞没。

已经有超过40个国家和地区的数百万居民，将要离开他们世代生活的家园，因为无情的海水将要把他们现在所拥有的一切都淹没。从美丽的人间天堂马尔代夫到历史悠久的水城威尼斯，都不得不面临被淹没的命运。

持续干旱

由于大气温度升高，蒸发量上升，以前本来就干旱少雨的地方情况更加严重。20世纪60年代末，非洲撒哈拉牧区曾发生过持续6年的干旱。由于缺少粮食和牧草，牲畜被宰杀，饥饿致死者超过150万人。

暴雨和水灾

因为温度升高，导致水的蒸发速度加快，大量水汽通过生态循环被输送进入大气。水汽积攒多了就会下雨，出现局部地区短时间内降雨量突然增加的情况。

这样的大暴雨会导致水灾、山体滑坡、泥石流等自然灾害。位于河流沿岸的城市和位于河流下游的广大地区就会频频受到洪水的侵袭，水灾面积因为短时的强降水而迅速扩大，水土流失问题也比过去更为严峻。

趁机捣乱的疾病

臭氧层的破坏让更多紫外线毫无顾忌地照射地球，加之人类

活动排放的温室气体引起大气温度升高，这就给了一些原本只在热带才会有的传染病更多扩充地盘的机会，让它们可以向原来的“禁地”——高纬度地区蔓延了。

这些传染病毒“搭乘”暖湿的空气，或者以热带动物为载体，一路北上或者南下，扩大着它们的统治范围。原本怕冷的病毒也因为冬季温度上升而能够继续存活了。

国际卫生组织通过检测发现，过去已经得到控制的疾病，例如结核病，在全球变暖的趋势下，未来可能还会卷土重来。

大洋洲流行病学家安东尼奥·麦克迈克尔，曾经在美国微生物学会的会议上提出警告——全球变暖使得多种流行病的流行模式发生改变，进而增加了大爆发的机会。

英国环境、渔业以及水产养殖科学中心的研究人员也曾经警告大家，因为全球变暖，大量病菌正在入侵北欧，导致霍乱和肠胃炎等疾病增多。

以上这些臭氧层空洞引起的连锁反应，都与人类的生存息息相关，看看我们的周围，真的是危机四伏了。

人类对自然的过度索取，以及在积极发展中忽视掉的自然因素，导致人类成为破坏环境的推手，最终也将为此付出代价。

人类是幕后推手吗

人类制造出自然界没有的氟利昂，让它“跑”到平流层，和紫外线一起对臭氧层形成了两面夹击的伤害。然而氟利昂却并不是人类制造的唯一破坏自然环境的东西。人类总是忙着向前，忙得没有时间考虑自然的感受。

如今，我们必须要面对现实了。

且行且珍惜

人类要发展，这没有任何过错。没有发展和进步，也就没有更好的生活。但是无论想走得多快，都要考虑和顾及自然的承受能力。因为没有了地球，失去了自然，就算人类发展得再快，也失去了立足的根本。

发展并不是人类伤害地球和自然的借口。如何在发展的同时兼顾自然的感受，这才是长久之计。

前面我们就讲过，地球原本有着自洁和自我修复能力，但是如果污染的产出远远超过地球本身自带的这些功能，伤害也就随之变成庞大到难以对付的势力。

自从工业革命之后，人类的科学技术水平踏上了突飞猛进的旅程，但是人与自然之间的和谐状态却逐渐被打破了。

究竟是什么原因使得人与自然的关系进入了对立状态？当人类开始以地球的主人自居的时候，人类美丽的家园却正在变得千疮百孔。

二氧化碳

我们已经知道，二氧化碳是造成温室效应的主要原因之一。可是为什么这个原本就存在于自然中的家伙，最近几十年竟然开始变得不安分起来了呢？

其实这也是人类的过错。除了人类和动物的呼吸排放二氧化碳，动植物分解、发酵、腐烂、变质的过程释放二氧化碳，人类的生

产活动也增加了二氧化碳的排放量。石油、石蜡、煤炭、天然气等能源在燃烧过程中，也会释放出二氧化碳。石油、煤炭在生产化工产品的过程中，也会释放出二氧化碳。一切工业生产、城市运转、交通等，都会排放二氧化碳。

动植物腐烂

二氧化碳在大气中的浓度增加，一方面会降低臭氧化学过程的反应速度，减慢催化循环；另一方面还会强化南北极的氯的活性，甚至影响中纬度地区的臭氧含量。

这么看来，二氧化碳也是破坏臭氧层的帮凶之一了。

甲烷

甲烷也不是一个规矩的家伙。

空气中的大部分甲烷都是由于人类燃烧化石燃料而产生的，它甚至比二氧化碳导致全球变暖的能力还要高出

21 倍。它会在大气的平流层和散逸层中产生一种催化循环作用，来破坏臭氧。

甲烷在平流层中发生的氧化作用，会生成很多水蒸气。甲烷的增加可能会使南北极平流层形成更多的云层，导致中纬度地区悬浮微粒增加，因而激发氯与溴的活性。绕这么一大圈儿后，它还是对臭氧造成了耗损。

一氧化二氮

一氧化二氮原本是为人类服务的好帮手。化学家发现一氧化二氮能使病人丧失痛觉，而且吸入后仍然可以保持意识清醒，不会神志不清。于是一氧化二氮顺理成章地成了麻醉剂，尤其在牙科领域。因为牙科医生需要患者在诊疗过程中保持清醒，也希望能够减轻患者疼痛，一氧化二氮无疑是最好的选择了。

一氧化二氮在自然界中也广泛存在着，但是人类耕作、使用氮肥、生产尼龙、燃烧化石燃料和其他有机物的过程增加了一氧化二氮的排放量，这其中排放量最多的来自于农业生产，占到了排放总量的 52%。

美国科学家利用数学模型推算出，人类通过使用化肥、化石燃料等，每年约向大气中排放 1 000 万吨一氧化二氮。如果我们还不采取措施，不限制其排放量，那么一氧化二氮将成为 21 世纪破坏性最大的消耗臭氧层的物质。

卡克鲁亚笔记

一氧化二氮又称笑气，是一种无色、有甜味的气体。有一件事你们可能不知道，就是这家伙真的能让人大笑不止。1799年，英国化学家汉弗莱·戴维发现它有轻微的麻醉作用，自此开启了它的“医学之路”。然而到了2009年8月，美国一项最新研究显示，这种无色、有甜味的气体，竟然已经成为人类排放的首要消耗臭氧层的物质。

疗伤

我们了解了臭氧层的重要性，也知道了臭氧层空洞的现状，以及导致臭氧层空洞的原因。那么在人类还不能制造臭氧并送上天去补给臭氧层的时候，我们究竟能为臭氧层做些什么呢？

首先就是掌握它的“病情”，时刻关注它的“健康状况”，以便我们更好地照顾它。

气象观测预报

目前，我们常用的臭氧观测预报方法都还比较传统，例如基于天气模型和气象要素的延续性预报，以及气候学预报等做出的统计预报。另外还包括主观经验预报、人工神经网络预报和空气质量数值模式预报等。

这些预报方式主要是通过把各种污染物之间的相互转化和传输中，能引起臭氧变化的所有因素都考虑进去，同时把排放源资料和相关的气象资料输入到预报模式中，进而模拟出臭氧的生成消耗和传输过程。

由此可见，气象预报模式输出结果的好坏，直接影响了臭氧预报的水平。

随着科学技术的不断发展，科学家们也在不断改进对于臭氧的检测技术和预报模式，希望能够通过更加精准的预报来为地球“体检”。

计算机模拟预报

提到那么多关于臭氧的观测预报方式，有一个家伙早就按捺不

卡克鲁亚笔记

现如今，科学家们开始把人工观测、仪器自动观测和遥感监测等信息技术应用到臭氧检测和预报中，借以不断减小误差。然而，臭氧的生成和消减过程涉及大量复杂的化学机制，有很多不能够确定的参数，所以这样的检测还是不可避免地会产生误差。

住情绪，在一边“摩拳擦掌”了。想知道它是谁吗？

没错，就是计算机！也难怪它着急，要知道人类已经进入了数字时代，计算机早已成为现代科学技术的急先锋了。

信息技术的发展已经让计算机具有了足够的实力，可以模拟复杂的化学反应过程和中间产物，而这些在实验室里是很难做到的。

明白了吧！尽管人类把科学细分为一个又一个领域，但是实际上，科学领域都是相通的，解决一件事情依靠的绝不是某一个人，或者某一个领域的力量，而是大家协同作战。

计算机科学在气象学和大气化学中的应用，不仅能更加准确地帮助科学家们为地球做诊断，而且能更加清晰地预测未来臭氧层的发展趋势。

抚慰地球

我们不能让无私地给予我们所需资源的地球，再这样继续被伤痛折磨了。快来看看，我们能做些什么吧！

能源结构调整

能源结构调整，可以说是修补臭氧层最主要的“治疗手段”，然而从目前的情况来看，短期内，我们很难通过能源替代技术改变能源结构。

不过，科学家们仍然在努力研究采用低碳或无碳的替代能源技术的可能性，也就是减少石油、煤炭、天然气等传统能源的燃烧。

当然，替代品的寻找和广泛应用需要很长的一段路要走，而且我们已经习惯了这些可以拿来直接就用的能源，它们的成本也比较低廉。即使真正的替代品出现，出于经济因素的考量，或许短期内也很难被大量应用。

实施清洁生产

当务之急还是要提升能源利用的效率和技术，这也是短期内最可行、最明显，当然也是最有效的一种途径。

科学家预测，化石燃料特别是煤炭的清洁利用技术，将会在人类的生产生活中扮演十分重要的角色。

能效技术的提升不仅可以减少能源利用、减少排放、提高成本效益，还能通过技术转移发挥更大的潜力。

另外，在农业方面，在保证作物产量的前提下，减少化肥消耗量，对减少二氧化碳和一氧化二氮的排放，无疑有着重要的作用。

恢复陆地生态系统

要“医治”好臭氧层空洞，不能仅仅依靠减少有害气体的排放量，最重要的是要从源头来修复大气和环境的自我调节能力。

人口数量的激增，让人们不断向自然索取生存空间，“地球之肺”——森林，就这样一点一点地被蚕食，变成了钢筋混凝土的“丛林”，变成了人类的农田。事实上，当森林锐减，地球失去自我调节能力的同时，那随之而来的风沙，让土地不再肥沃，城市里也是雾霾猖獗。

为了修补臭氧层空洞，恢复陆地生态系统，就要更多地增加地球的“肺叶”。如此一来，不仅帮助了臭氧，让我们免受臭氧层破坏的一系列恶果，同时也让我们的土地再现肥沃，让我们的城市再现蓝天。

我们都知道，植树造林、退耕还林能够增加土壤蓄水能力，减轻洪涝灾害的损失，大大改善生态环境，当然也可以恢复大气的自我净化和调节能力。

地球经过亿万年时间演化形成的天然保护伞——臭氧层，被人类仅仅在短短的80年间就捅出“窟窿”了。倘若它全面崩溃，人类及地球上所有生灵的末日也就到了。

这既不是危言耸听，也不是杞人忧天，而是实实在在摆在全人类面前的重大问题。我们每一个生活在地球上的人，都应该承担起自己的责任，共同携手拯救地球，拯救人类自己。

别让女娲太悔恨

你肯定知道女娲补天的传说，但是你知道女娲造人的传说吗？在补天之前，女娲做了一个无意之举——用泥巴造出了一些和自己模样相仿的“小人儿”，这些就是后来的人类。

如果女娲知道她辛辛苦苦补好的天，竟然被她一手制造出来的人类毁掉了，她会不会流下悔恨的泪水呢？

走进现实的传说

关于女娲的传说在民间流传甚广，一些早期文字也有着各种各样的记载，甚至还有大作家把这段故事写进自己的作品。虽然这只是一个神话传说，但是其中却不乏现实意义。

现在就和你们亲爱的老博士一起，打开想象的大门，看看当神话走进现实后，究竟会发生些什么吧！

女娲和她的孩子们

据说在很久以前的某一天，女娲从梦中醒来。四周吹着和煦温暖的风,把女娲的气息吹散到茫茫宇宙中。

粉红色的天空中飘着迷人的绿色浮云,星星在云的后面眨着眼睛。天边的霞光中,还有一轮光芒四射的太阳,犹如一个金球一般,被荒凉的熔岩包裹着。而在太阳的另一边,则是一轮皎洁清冷的月亮正在升起。大地则被各种植物的绿色装点着。

女娲伸了个懒腰,走向天地间的大海边,在被映成淡玫瑰色的海里,看到了自己的倒影。

女娲弯下身,用手捧起一些带水的软泥,随便揉捏了几下,一个和她自己很像的小东西就出现在她的手心中。她很惊异,觉得这个小东西是自己做出来的,但是又觉得会不会这个小东西原本就存在于泥土中呢?

尽管女娲很疑惑,但却很开心,于是就一个接一个地用软泥捏

起小人儿来，而这些小东西竟然开始咿咿呀呀地叫了起来。女娲被自己制造出来的小东西的叫声吓了一跳，感觉浑身上下的毛孔都有东西飞出来，于是大地便笼罩了白色的烟云。

女娲非常喜爱自己的作品，她用沾着泥土的手指轻轻地抚摸着这些小东西胖嘟嘟的小脸儿，这些小东西被逗笑了。这是女娲在天地之间第一次看到的笑脸，她开心得合不上嘴。

女娲一边抚摸着这些小东西，一边加紧制造着更多的小人儿。她的身边围绕着越来越多的小人儿，渐渐地，这些小人儿开始离开，走得越来越远，说的话也越来越多，连女娲都听不懂了，只觉得耳朵里灌满了这些小人儿的吵闹声。

不停地造人，让女娲很疲乏，但她依旧坚持着做下去……终于，腰酸背痛的女娲停下来，枕着高山，疲惫地躺在地上，渐渐地进入了梦乡……

天裂 VS“天裂”

正当疲惫的女娲深陷梦中之时，“轰隆”一声巨响把她从睡梦中惊醒。同时，她的身体竟然也失去了平衡，一直向着东南方向滑下去。女娲想站稳脚跟，但却什么也踩不到，便顺势抓住了一座山峰，才没有让她继续跌滑下去。巨大的泥石流从她的头上和身边滚滚涌过，她想看看是怎么回事，就稍微回了一下头，结果她的嘴巴和耳朵里一下子灌满了水。她低头看去，只见大地不停地摇晃着。

当大地的摇动略微平静下来的时候，女娲坐稳身体，腾出手擦了擦满头满脸的水，仔细看看到底发生了什么事。只见遍地都是洪水和惊涛骇浪，这时候，几座大山打着旋儿从惊涛骇浪中漂过来，女娲伸手扶住这些大山，发现在山坳里，竟然有很多似乎从来没有见过的东西。这些小东西抬起头来，女娲惊异地睁大了双眼，终于看明白，这些就是她之前造出的小人儿！只不过此时的他们已经用一些东西将身体包成了奇怪的样子，嘴里还咿咿呀呀地说着女娲听不懂的语言。有的小人儿手里还举着一些东西，上面画着很多小小的图案——文字。

女娲是一个伟大的女神，她在面对山崩地裂、洪水泛滥时，都能不慌不忙、一一应对，但是此刻却被她一手创造出来的小人儿吓到了。这是为什么呢？

原因只有一点，那就是人类已经不再是那些从她手里走出来的懵懂的小人儿了，他们发挥自己的聪明才智，给自己穿上衣服，还有了自己的语言，甚至文字。

女娲并不知道，人类从穿上衣服的那一刻开始，就一步步地迈向了属于自己的文明。我们可以试想一下，假如女娲来到现代社会，看到人类已经把火箭送上太空，是不是更吃惊呢？想必她也一定会感到欣慰和骄傲吧！可是当女娲想在这个世界上多走走，多看看时，她还会感到欣慰和骄傲吗？

当女娲看到原本清澈的河流中，竟然漂浮着一些她不认识的东西——垃圾时；当女娲看到曾经一望无际的冰川，竟然开始消融，淹没了大片陆地时；当女娲的皮肤被强烈的紫外线灼伤时……她会不会皱起眉头呢？

女娲不明白这到底是怎么回事，只是迷惑地抬头望向天空，却发现天空竟然也缺少了一些原本应该有的东西。这让她想起了很久以前的那一天，当她被巨大声响吵醒后看到的情景——天空裂开了一个大缝，非常深，也非常宽，大地变得肮脏不堪。女娲决定把天空修补好，于是日夜搜集芦苇，并把它们堆积起来。

芦苇终于堆到了天空的裂缝处，女娲找来和天空同样颜色的纯青色石头，她觉得只有这样才能补出完美的天空。最后，她点燃了那些堆到天空的芦苇，将石头和天空烧融成一个整体。就这样，破裂的天空补好了，女娲为她的子孙们重新撑起了一片蓝天。

可是现在，当女娲再次看到天空“裂开”的洞时，她却不知所措。这个缺口似乎并不是用芦苇和青石就能补好的……她开始到处打听为什么天空会出现缺口，以便找到补天的办法。

然而小人儿所说的“臭氧层”之类的词语和各种各样的“道

理”，女娲完全听不懂，她只知道“臭氧层”是个好东西。既然是好的东西，为什么会出现缺口呢？她还记住了一个奇怪的名字——氟利昂。

从人类得来的信息让女娲迷惑了，她只知道天上的新缺口和自己的子孙们有些关系。她再次蹙起眉头，一滴眼泪重重地滴落下来。她不禁仰天自问道：“为什么你们如此不懂得珍惜？”而对此，她再也无能为力……

虽然女娲不懂人类在追求进步的过程中，并不能事先知道会失去些什么，但是作为女娲的后人，我们有责任在不断的进步中纠正以往的错误。

女娲后人的责任

想想为了补天而死的女娲，我们这些女娲的后人，真的不能让她难过。即便我们现在做不了补天这样的大事，但是至少我们可以

卡克鲁亚笔记

2012年11月21日，为了纪念保护臭氧层的《蒙特利尔议定书》25周年暨联合国工业发展组织参与"补天行动"20周年，由中国艺术家袁熙坤创作的女娲雕像，正式进驻维也纳联合国中心。当天，包括中国驻奥地利大使、国际组织代表、各国常驻联合国使节等近200人，出席了雕像揭幕仪式。

从身边的小事做起，尽量减少对自然和臭氧层的伤害。

在家里

家里要选择高效节能的荧光灯泡，因为和传统的电灯泡相比，它只需要一半的能源就可以达到同样的亮度。

美国的能源部门曾经做过预测，只要每一个家庭都用高效的荧光灯泡代替传统电灯泡，就能避免4亿吨二氧化碳被释放。

用水壶烧水的时候，注意不要装得太满；冰箱也要保持无霜状态。大部分家庭的能源都消耗在取暖和制冷上，我们可以依靠自然通风，或者保持房间温度恒定，就能有效减少二氧化碳的排放量。

在夏天不要贪图凉快，长时间把空调温度调得太低；在购买家用电器的时候，也要选择具有节能标志的产品，选择效率较高的型号。特别是对制冷电器的选择，比如冰箱，一定要选择不含氟利昂的！

在路上

出行的时候，我们要尽可能地搭乘公共交通工具，如公共汽车、地铁等。

如果要驾驶私家车，一定要选择高能效的汽车，例如小型的双动力汽车，可以让汽车运行每千米产生的二氧化碳少于 110 克。与此相比，很多大型 SUV 汽车和豪华汽车，排放的二氧化碳至少比小型的双动力汽车高出两倍。

还要记得使用生物液体燃料。与传统车用燃料相比，生物液体燃料可以显著减少二氧化碳的排放量。

购物时

买东西的时候，要尽量购买本地产品，因为这样能够减少汽车在产品运输时产生的二氧化碳。

在北方的冬天，你有没有特别想吃西瓜的时候？以后还

是打消这个念头吧！我们要购买并且食用应季的水果和蔬菜，这样可以减少温室生长的农作物，因为很多温室会消耗大量的能源。

为了打击亚太地区非法贸易，避免走私消耗臭氧层的有害物质，由中国海关发起倡议，世界海关组织亚太地区情报联络中心与联合国环境规划署共同推进的“补天行动”，于2006年9月展开。在不到一年的时间里，查处多家涉嫌走私废物的企业，搜获氟利昂等消耗臭氧层物质共150吨，电子垃圾等有害废物近1900吨。

还有一点非常重要，那就是在买东西的时候，切记不要被稀奇古怪的外包装吸引，一定要买包装简单的产品。因为简单的包装不需要消耗过多的能量，而且也会减少垃圾的数量。

人类的保证

《保护臭氧层维也纳公约》

为了保护臭氧层，联合国环境规划署也在不遗余力地努力着。

▶1976 年 4 月，联合国环境规划署第一次对臭氧层遭到破坏问题进行了讨论。

▶1977 年 3 月，联合国环境规划署召开臭氧层专家会议，通过了第一个《关于臭氧层行动的世界计划》。

▶1980 年，联合国环境规划署建立了一个特设工作组，开始筹备制定保护臭氧层的全球性公约。经过几年的不懈努力，于 1985年 3 月，奥地利首都维也纳召开的“保护臭氧层外交大会”通过了《保护臭氧层维也纳公约》，并于 1988 年生效。

这个公约缔结的目的，就是希望全球各个国家能够联合起来，共同采取适当的措施来保护人类健康，控制或禁止一切破坏大气臭氧层的活动，减轻臭氧层变化带来的影响。

截止到 2000 年 3 月，全球参加《保护臭氧层维也纳公约》的缔约国共有 174 个，中国在 1989 年 9 月 11 日正式加入《保护臭氧层维也纳公约》，并于 1989 年 12 月 10 日正式生效。

卡克鲁亚笔记

联合国大会于1972年12月15日，做出建立环境规划署的决议。作为联合国统筹全世界环保工作的组织，联合国环境规划署（简称UNEP）于1973年1月正式成立，临时总部设在瑞士的日内瓦，后于同年10月迁至肯尼亚首都内罗毕。

《蒙特利尔议定书》

《保护臭氧层维也纳公约》还欠缺相关实质性的保护措施或标准，所以在《保护臭氧层维也纳公约》签署6个月后，联合国环境规划署召开了专题讨论会，在同年10月，决定成立保护臭氧层工作组，拟定了新的协议书，于是就有了《蒙特利尔议定书》的诞生。

《蒙特利尔议定书》的签约国家约定，从1993年开始，逐渐停止使用氯氟烃作为制冷剂，到1999年，要在1986年的水平上削减50%的使用量。

在1990年的伦敦会议上决定，发达国家到2000年，发展中国家到2010年，除了只有少量氯氟烃在治疗哮喘时作为吸入剂外，全面禁止使用氯氟烃和灭火剂哈龙。

1992年，在哥本哈根会议上，将全面禁止使用氯氟烃和灭火剂哈龙的日期提前到1996年。与此同时，还将农业上应用的熏蒸

卡克鲁亚笔记

《蒙特利尔议定书》，全名为《关于消耗臭氧层物质的蒙特利尔议定书》，是联合国为了避免工业产品中的氟氯碳化物继续破坏臭氧层，于1987年9月16日，邀请所属的26个会员国在加拿大的蒙特利尔签署的环境保护公约。1989年1月1日，是该议定书正式生效之日。

剂——甲基溴列为禁止生产的产品，并要求发达国家应该向发展中国家提供专家、技术和资金援助。

这样的举措收到了很好的效果。随着《蒙特利尔议定书》的严格执行，破坏臭氧层的气体排放量也在逐年下降。如果想要臭氧层空洞恢复到1980年的水平，恐怕要等到2060年到2075年了。

国际保护臭氧层日

1995年1月23日，联合国大会通过决议，确定从1995年开始，每年的9月16日为“国际保护臭氧层日”。

你是不是觉得这个日期很熟悉呢？没错，1987年的这一天，正好是《蒙特利尔议定书》签订的日子。

此后，联合国在每一年的国际保护臭氧层日，都会设定不同的主题，通过这样的方式来提醒和要求所有缔约国，根据“议定书”及其修正案的目标，宣传和采取各种保护臭氧层的行动。

让我们回忆一下，之前那些年的 9 月 16 日，都有哪些主题吧！

▶1998 年的主题：为了地球上的生命，请购买有益于臭氧层的产品。

▶1999 年的主题：保护天空，保护臭氧层。

▶2000 年的主题：拯救我们的天空，保护你自己，保护臭氧层。

▶2004 年的主题：拯救蓝天，保护臭氧层，善待我们共同拥有的星球。

▶2005 年的主题：善待臭氧，安享阳光。

任重道远

正如过度的索取要付出惨重的代价，所有的付出和努力也一定会得到收获和回报。2012 年，南极上空的臭氧层空洞开始变小了。这是一件让人欣慰和振奋的事情，证明大自然还是给了我们改正错误的机会，也证明了我们采用的方式是正确的，并且还要为之继续努力。

初见成效

2014 年 9 月，联合国环境规划署和世界气象组织宣布，臭氧层

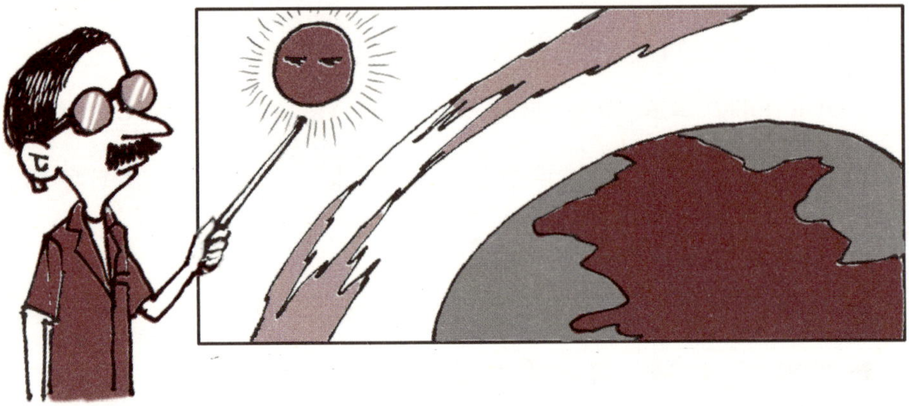

2012年，南极上空的臭氧层空洞开始变小。

在2000年至2013年间变厚了4%，这是35年来的首次。此外，南极洲上空的臭氧层空洞也在停止扩大。

联合国还组织了300名科学家，对臭氧层进行持续检测，每4年为一个周期。2014年的报告显示，目前臭氧层已经开启了自我修复的状态。

任务艰巨

然而大气科学家们却不是很乐观，他们认为目前所检测到的数据并不意味着臭氧层已经恢复了，这种缩小很可能是变幻的天气状况造成的。

科学家还发现，人们用以替代臭氧层破坏物，如氯氟烃的一些替代品，虽然不会损耗或较低损耗臭氧，但却会造成温室效应，加快全球气候变暖。

2012年到2013年，二氧化碳浓度的提高也达到了30年来的历史新高。

另外,臭氧层虽然在恢复,但是距离“痊愈”还很遥远。南极臭氧层空洞依旧存在,最新计算显示,臭氧浓度水平仍比1980年低6%。

科学家们仍然不会放弃,期望到2025年,臭氧层空洞能够出现一些愈合的迹象。

加油，中国！

地球上空的臭氧层出了这么大的事，当然需要所有人都尽自己的力量，为我们可爱的家园做点什么了。

在全球保护臭氧层的行动中，中国也丝毫不落后。尽管中国还处于发展中，但作为一个人口基数庞大、生产力强的大国，中国的加入无疑给全球保护臭氧层的行动增添了巨大的力量。

保护臭氧层，中国争当好榜样

迄今为止，全球最成功的环保协定是什么

没错，目前世界上最好的气候协议公约，就是《蒙特利尔议定书》，它被认为是世界上最成功的环保协定。在协定的主导下，逐步减少了发达国家65%以上，造成臭氧层破坏的97种化学品的使用，同时还减少了发达国家50%到75%的同类化学品的使用，并因此减少了相当于1 000亿吨二氧化碳的排放量。

还记得中国是在什么时候正式加入《保护臭氧层维也纳公

约》的吗？

答案就是 1989 年 9 月 11 日。自从加入了该公约，中国就一直积极地履行自己的职责。在第一次缔约国会议上，中国还本着互帮互助的目的，首先提出了“关于建立保护臭氧层多边基金”的提案。

卡克鲁亚笔记

国际臭氧层保护机制是全球诸多国际环境治理领域中最为成功的事例，而执行《蒙特利尔议定书》的多边基金，正是国际臭氧层保护机制中的重要支柱。该基金会对那些积极淘汰消耗臭氧层物质的技术以及单位，给予了有力的经济支持，从而在遏制臭氧层消耗上起到了重要作用。

为什么要建立多边基金

保护臭氧层多边基金的建立与运行，充分体现了发达国家与发展中国家从分歧到合作的进程。

简单地说，就是进步快的要帮助进步慢的。因为发达国家已经率先完成了工业化进程，经济水平发展到一定高度，但发展中国家还没有完成工业化进程，经济水平也相对落后。

基于这些原因，要求全球各个国家减少消耗臭氧层物质的排放量并不是公平的，因为发达国家早已经通过大量排放换取了本国的经济发展，而发展中国家还未来得及排放，就已经被要求不许再排放了。工业化进程离不开传统燃料的消耗，经济水平落后也被迫只能使用价格低廉却污染严重的原材料。为了弥补发展中国家的经济损失，中国就倡导建立这个保护臭氧层的多边基金。

多边基金有什么用

其他世界组织和发达国家也很支持中国的这个提议，并委托世界银行、联合国开发计划署、联合国工业与发展组织和联合国环境规划署四个执行机构联合来管理这项基金。

到目前为止，通过这四个执行机构，以及美国、加拿大、德国和丹麦等国，中国已向多边基金执委会申请，并得到批准的项目共156个，共获得多边基金 10 500 万美元。

如果这些项目全部完成，就可以减少大约 3.18 万吨消耗臭氧层的气体排放量，那么中国就会为全球保护臭氧层做出巨大的贡献了。

中国保护臭氧层大事记

2007 年的一组统计数据表明，中国生产的含氢氯氟烃的产品共 41 万吨，约占全球产量的 66%，占发展中国家产量的 88%。中国消费含氢氯氟烃的产品共 26 万吨，约占全球消费量的 42%，占发展中国家消费量的 56%。

作为全球最大的消耗臭氧层物质生产国和使用国，为了全球的利益，保护臭氧层，中国于 1991 年正式签署加入《蒙特利尔议定书》，开启了保护臭氧层的新篇章。

中国为了表示决心，也为了能够在国内形成保护臭氧层的合力，成立了由 15 个部、委、局、总公司、总会组成的中国保护臭氧层领导小组办公室，专门负责《蒙特利尔议定书》组织实施工作。

1992 年，中国保护臭氧层领导小组率先组织制定了《中国消耗臭氧层物质逐步淘汰的国家方案》，并在第二年年初得到国务院与多边基金执委会的批准与支持。

1994 年，该小组又组织制定了《烟草行业消耗臭氧层物质逐步淘汰的补充方案》。

1995 年，该小组率先组织制定了气溶胶、泡沫塑料、家用冰箱、工商制冷、汽车空调、哈龙灭火剂、电子零件清洗、受控物质生产八个行业的逐步淘汰受控物质的战略研究，并得到了多边基金执委会的批准。

为了逐步淘汰消

耗臭氧层的物质，中国政府还在消耗臭氧层物质及其替代技术与替代品的生产、消费、进出口等各个环节加强政策、法规控制与监督管理力度。

中国政府还专门出台了《中华人民共和国大气污染防治法》和《消耗臭氧层物质管理条例》，在生产管理政策、消费管理政策、排污申报登记制度、产品质量管理政策、环境标志制度、进出口管理政策、禁令以及监督管理体系八个方面，也出台了具体的实施细则。

雷厉风行的行动

中国在保护臭氧层的过程中，绝对不是“纸上谈兵”。截至 2008 年底，中国共实施了 400 多个多边基金单个项目和 17 个行业计划，涵盖了 5 大类 12 种消耗臭氧层物质。

到 2007 年 7 月 1 日，中国已经全面停止全氟氯烃和哈龙的生产和进口，整整提前了两年半，就完成了《蒙特利尔议定书》的履约目标。

截至 2010 年，中国已经完全停止了四氯化碳和甲基氯仿的生产和使用，在生产领域淘汰了 10 万多 ODP 吨消耗臭氧层物质，在消费领域淘汰了 11 万 ODP 吨消耗臭氧层物质，淘汰量占发展中国家的 50%。

ODP，全称是 Ozone Depression Potential，即消耗臭氧潜能值的缩写。它是描述物质对平流层臭氧破坏能力的一种量值。ODP 吨则是表示臭氧消耗潜能值的一个计量单位，是各种臭氧层消耗物质的吨数乘以其臭氧消耗潜能值 ODP 得出的一个计量单位。

在家用制冷行业，中国冰箱行业率先使用天然工质作为制冷剂和发泡剂。工质就是一种可以将热能和机械能相互转化的物质。天然工质不仅保护了臭氧层，也对保护气候和节能减排做出了突出贡献。

卡克鲁亚笔记

近年来，中国实施了 54 个冰箱及压缩机生产线改造项目，共淘汰全氯氟烃共计 13 087 吨。而在汽车空调行业，中国还实施了 15 个汽车空调器生产线改造项目，共淘汰全氯氟烃 1 659 吨。同时在清洗行业，实施了 26 个单个项目和 1 个行业计划，共改造了 380 多家企业的清洗装置，其中单个项目淘汰消耗臭氧层物质达到了 924 ODP 吨。

团结就是力量

这句话不仅仅是一个口号，只有大家同心协力，才能达到保护地球的目的。如果举办一个由各界人士参加的关于保护臭氧层的大会，那么各种职业的人们会怎么说呢？

大家的想法和努力

科学家说：我们国家的科学技术部负责有关消耗臭氧层物质

的替代技术研究，以及新产品开发示范项目的计划、组织、实施和管理工作。

警察说：公安部门主要负责哈龙灭火药剂、灭火器及固定灭火系统和替代品、替代技术的研究、生产、使用、回收的管理工作。

外交官说：《保护臭氧层维也纳公约》和《蒙特利尔议定书》的有关国际事务以及涉外政策和法律问题，就交给我们吧！

农业学家说：我们的工作比较具体，主要就是管理和淘汰甲基溴在农业中的生产使用。

飞行员说：航空公司主要就是在内部淘汰受控物质的使用，保护臭氧层，从我做起！

海关说：海关总署和对外贸易经济合作部合作，主要负责消耗臭氧层物质及其制成品的进出口管理和消耗臭氧层物质进出口数量

的统计，并参与受控物质进出口政策制定工作。

勘探工人说：石油和化工局主要负责受控物质替代品的研究开发和生产管理，以减少燃烧化石燃料带来的危害。

如果你觉得这只是一个虚拟的会议，那么让我们来看看，那些具体部门是如何分工的吧！

国家发展计划委员会、国家经济贸易委员会主要负责在宏观上对受控物质及其制品的生产、进出口以及消费情况进行规划和控制，并参与税收政策的制定。

对资金运筹帷幄的财政部主要负责受捐助的多边基金的管理，并负责有关税收政策的制定和管理。

国内经贸局、国家机械工业局和轻工业局则负责对用受控物质制造的设备和产品进行回收、监测和使用管理。

此外，还有地方环保局和各个行业组织，也为检测项目实施、跟踪项目成功和寻求淘汰技术、研究替代产品做了很多努力。

环境保护部都在忙什么

作为环境保护部，在面对环境问题的时候，必须起到最重要的作用。而且上面这些机构和部门所开展的一系列保护活动，也都要

在环保部的指导和帮助下进行。

环保部不仅要负责监督、检查《保护臭氧层维也纳公约》《蒙特利尔议定书》和《国家方案》的实施情况，还要组织拟订国际合作细节，制定和实施有关政策法规和行政规章制度。

调查、汇总和监督受控物质的生产、进口、出口和消费数据，负责组织多边基金项目的申报，组织项目实施以及监督、检查项目的申报和实施进度，监督、检查保护臭氧层政策法规的执行情况等，这些也都是环保部门的工作范围。

这一大堆内容，仅仅是听一听，都需要慢慢消化才能有个清晰的概念。让我们为环保部门加油吧，毕竟这个部门是主要负责臭氧层空洞这类事情的。只有环保部门做得好，其他部门才能跟得上。

力所能及，积极监督

由于各个缔约国积极履行《蒙特利尔议定书》，全球共削减了95%的消耗臭氧层物质的生产量和消费量，足足将严重的气候变化推迟了10年以上。这真算是一个不错的成绩！

但是各个国家付出的经济代价也是巨大的，有专门的国际机构调研得出，发达国家在淘汰氯氟烃和哈龙灭火剂上共花费了2 300亿美元。以这样的经济代价换回来的是人类和地球上其他生灵的健康，换回来的是地球生态系统的平衡，换回来的是我们的子孙后代能够享受美好自然和阳光的权利，你觉得值不值得呢？

为了保护地球的“保护罩”——臭氧层，中国在行动，世界在行动。而我们当然就要从身边的小事做起，拒绝购买和使用含有破坏臭氧层物质的产品，节约水、电、气、油等资源。也请你告诉和监督身边的人，因为只有大家共同努力，才能继续自由自在地享受阳光！

读了这么多和臭氧层有关的知识，你有没有发现，竟然有那么多看似和天空毫无关系的事物在影响着天空的变化。

世间万物都是一环扣一环地相互联系着，这就是“蝴蝶效应”这个词语产生的原因。当你身边有一阵风掠过，真的有可能是因为南美的丛林中，有一只蝴蝶在扇动翅膀呢。这是不是很神奇？

如果一点微小的变化都会产生强烈的连锁反应，那么那些更大、更激烈的自然现象，岂不是……

对于这个世界，虽然人类已经有了一些认识，但还有更多的东西等待着我们去探索和发现。我们所能做的就是保持对世界的兴趣，以及获得知识的渴望。要对世界有所作为，就必须对世界有更多的了解。

在分别之际，老博士送给你们两个小小的礼物，让你们认识一下两种自然现象。虽然人类还无法完全解读它们，但或许在未来，你们能给出更好的答案哦！

“女孩”是否“老去”

拉尼娜，乍听起来好像是一个女孩的名字。实际上，拉尼娜的原意还真就是“小女孩”或者“圣女”的意思。如果仅从表面上理解，这个词是不是会给你一种温柔的感觉呢？不过倘若你知道这个“小女孩”竟然和另一个“小男孩”有着千丝万缕的联系，恐怕你对这个“小女孩”的态度就会有所转变了。

这个和拉尼娜有着很大联系的“小男孩”，就是“圣婴”厄尔尼诺。

拉尼娜现象

拉尼娜现象实际就是厄尔尼诺现象的一种反相。之所以说拉尼娜和厄尔尼诺有着千丝万缕的关系，就是因为拉尼娜现象总是出现在厄尔尼诺现象之后。伴随着拉尼娜现象的出现，东太平洋的水温会反常下降。和厄尔尼诺现象一样，拉尼娜现象也同样会导致全球气候的混乱。

厄尔尼诺现象和拉尼娜现象让赤道中东太平洋海湾呈现出冷暖交替变化的异常状态。在厄尔尼诺现象之后，拉尼娜现象紧随而至，或者拉尼娜现象之后，厄尔尼诺现象接替发生，都是很平常的事情。拉尼娜现象表现出来的状态正好和厄尔尼诺现象相反，所以拉尼娜现象也被称为反厄尔尼诺现象。

从多年的记录来看，厄尔尼诺现象的发生频率还是要比拉尼娜现象高。特别是在当前全球气候变暖的背景下，拉尼娜现象的强度趋于变弱。在 1991 年到 1995 年之间 3 次厄尔尼诺现象中，并没有发生拉尼娜现象。

那么拉尼娜现象是如何让中东部的太平洋海水变得异常冰冷的呢？

这要先从东南信风说起。东南信风把被太阳晒热了的海水吹向太平洋西部，让西部的海平面高出东部海平面将近 60 厘米，这样西部海水的温度也就升高了。在气压下降的情况下，潮湿的空气经过积累形成台风或者热带风暴，东部底层的海水向上翻起，这就让太平洋的海水变冷了。

在太平洋上空，有一股叫作沃克的大气环流，当它变弱，海水吹不到西部，让太平洋东部的海水变暖，就形成了厄尔尼诺现象。反之，如果这个叫沃克的家伙变强，就产生了拉尼娜现象。

这就是拉尼娜总会随着厄尔尼诺而来的原因。过去，在出现厄尔尼诺现象的第二年，总是紧接着出现拉尼娜现象。有时候，拉尼娜现象还会持续两到三年。

尽管拉尼娜的性格和厄尔尼诺正好相反，但它也并非是个温和的“小女孩”，虽然没有厄尔尼诺表现得那么强烈，但同样也会给全球的很多地区带来灾害。

“女孩”是否真的“老去”

从以上所述可以看出，拉尼娜现象就是一种在厄尔尼诺现象之后的矫正过渡的现象。

在 2007 年的时候，根据一些卫星观测数据，以及一些相关的研究，人们曾一度认为这种让东太平洋水温降低的拉尼娜现象已经开始减弱了。那时候，太平洋看起来将恢复昔日的宁静。

然而事情真的会就此结束吗？

研究人员也曾经在 1999 年，两次观测到拉尼娜现象减弱的征兆，但后来证明，这个“小女孩”仅仅是稍做喘息，随后又卷土重来了。而这一回，这个“小女孩”真的老了，再也折腾不起来了吗？

事情还真不是这样的，因为就在2007年到2008年，又发生了强烈的拉尼娜现象，太平洋中东部的海水水温比正常情况下降了1℃。

到了2010年6月，随着厄尔尼诺现象的消失，拉尼娜现象再次现身。第二年的5月进入到中性状态，在8月份再次加大了强度。

据世界气象组织公布的数据显示，这次的拉尼娜现象导致中东部太平洋海面的温度比正常温度平均要低1.5℃。

据气象组织分析，拉尼娜现象不仅跟那段时间的澳大利亚大规模洪水有关，同时也和世界部分地区的干旱存在着一定的关联，尤其是和南美洲的一系列气候反常现象有关。而且拉尼娜现象还导致印度尼西亚等东南亚国家，以及非洲南部的降雨量超过了平均水平。不仅如此，就连那几年中国出现的“南冻北旱”现象，也可能和拉尼娜现象存在着一定的关系。

尽管拉尼娜现象看起来是厄尔尼诺现象的反相，似乎和全球

变暖的整个大背景也有所矛盾，不过但凡可以造成灾害的现象，其内在也都会有或多或少的联系。正如你在看《后天》这部电影时，是不是也在想：不是全球变暖了嘛，为什么会有这种极寒的科幻片存在呢？

如果你对这个问题还有很多不解之处，那就看看下一章的内容，相信会对理解这个问题有所帮助。

你不知道的

和拉尼娜一样，厄尔尼诺也是源自西班牙语的译音。其原意有“小男孩”和“圣婴”之意。“圣婴”就是指耶稣。之所以被称为“圣婴”，是因为厄尔尼诺现象多发生于圣诞节前后。相传居住在秘鲁和厄瓜多尔海岸的古印第安人，发现某些年份的圣诞节前后，海水会变得温暖，没多久就会下大雨，同时还伴有海鸟结队迁徙等奇怪现象发生。

新仙女木事件

仙女木是蔷薇科仙女木属的一种植物，以一种矮小灌木的形态生存着，有很强的耐寒耐旱性。据此特性，科学家们将历史上一个约 1000 年时长的寒冷事件命名为“新仙女木事件”。这个“新”则表示的是末次冰期的最后一次寒冷事件。

究竟是什么原因导致了 1000 多年的气候变化呢？

彗星撞地球

因为“新仙女木事件”发生得非常突然，而且至今也没有一个足够的证据说明其发生的原因，所以对此事件的原因也有着不同的解释，其中有一种彗星（或小行星）撞击地球的假说，算是比较流行的。

在科学上，任何一种假说都有着一些根据。美国有科学家在 1.29 万年前的沉积物中发现了一些非常小的纳米钻石。这些钻石散落在北美的很多泥土中，而位于亚利桑那州梅利泉的克劳维斯遗址之上，竟然也有这样的纳米钻石。

研究发现，纳米钻石是由于超新星爆发的强烈冲击波生成的。总之，不管从哪个角度解释，这些纳米钻石都和宇宙脱不了干系。而科学家认为，这种物质是地球本身无法形成的，因此他们判断这些纳米钻石之所以会在地球上出现，是因为彗星（或小行星）撞击地球产生的结果。

在距今约 1.29 万年前，也就是彗星袭击地球的那个时间段中，地球出现了气温骤降的现象。当时的长毛猛犸象和其他生物灭绝，而恰在那时，北美洲的印第安克劳维斯人也消失了。

这一系列事件串联起来，就成了对“新仙女木事件”发生原因的一种解释。

不过对于这种假说，还是存在一些疑问的。因为这种说法是建

立在多个撞击地点的证据上的，但是在这些地点中，并不是所有都显示出“新仙女木事件”的起始年龄。而且这些地点出现的撞击指示物残骸的年龄跨度也很大，这表示或许“新仙女木事件”并不是一次撞击的结果。

卡克鲁亚笔记

“新仙女木事件”是一个气候寒冷时期，大约持续了千年。开始的时候，气温迅速下降，结束的时候，气温又迅速上升。而降温或升温的时间只有几十年甚至十年，故此称为气候突变。

北大西洋暖流的作用

大西洋的东北区域,欧洲大陆的西部,有一支自西南向东北流动的洋流,这就是北大西洋暖流。因为它的存在,欧洲有了温暖湿润的空气以及丰沛的降雨,北欧的冬天才不至于过于寒冷。

这支洋流同样也影响着北美的东北部。不仅如此,北半球有很多地区的气温都受到它的“照顾”。这是因为北大西洋暖流是全球洋流系统中的一个重要成员,如果它有异常举动,就会打乱整个洋流的格局。

北大西洋暖流实际是温盐环流的一部分,温盐环流仿佛是一个巨大的传送带。

北太平洋和印度洋的中部各有一个区域,海洋深处的冷水向上涌到表面后,向西南而去。在印度洋西南部,这两支寒流相遇了,随后绕过非洲南端的好望角,进入大西洋后,一路向北穿过赤道,再流经墨西哥湾、西班牙和葡萄牙西海岸后,向着大不列颠、冰岛和格陵兰流去。

来到格陵兰岛的南端,由于这里的水温降低和连续的蒸发、浓缩,这支洋流已经变得又冷又咸,密度自然也变大了,于是这支洋流再次下沉下去。

当它们潜入海洋深处后,又循着原路返回到太平洋北部和孟加拉湾,随后再次涌向海水的表面。

温盐环流流经了很多海域和纬度,而且它的流量是非常大的,所以充当了不同纬度之间运送热量和水汽的角色。它从低纬度流向高纬度时，给高纬度海域带来了热量和水分，对于高纬度地区而言，这是非常宝贵的。

这就是虽然同样出自高纬度地区，北欧却没有阿拉斯加和西伯利亚那么冷的原因。不仅仅是北欧，几乎整个欧洲和北美大陆的温和气候，都是拜北大西洋暖流所赐。

倘若北大西洋暖流中断了，那么冰川就会在这些地区发育成形。首先就是挪威中部的高山，还有阿尔卑斯山和北美的阿拉巴契山脉，然后就会以这些地区为中心，逐渐将冰川向各自的大陆铺展开去。随后，波罗的海、北欧以及北美的广大地区将被冰川覆盖，进而分别形成冰期时的斯堪的纳维亚冰盖和劳伦泰冰盖。而这些冰盖在形成的过程中，大量的冰雪还将反射大量阳光，导致地球对太阳能的吸收能力下降，使温度进一步下降。

《后天》发生的"冷事件"

"新仙女木事件"和"8200 年冷事件"，正是北大西洋暖流减弱或者终止的结果。

有研究表明，全球变暖会导致北大西洋暖流中止。因为气候变暖会导致格陵兰和北欧的冰雪融化，注入大西洋中。而这些融水是淡水，这就让原本又冷又咸的北大西洋暖流的末端变淡了，而气温上升，也让北大西洋暖流不再像以前那么冷了。这也让到了格陵兰岛南端的北大西洋暖流的密度并没有变大，于是就无法下沉下去。如果它们在此不能下沉，就让南边的海水没办法北上，于是就会导致洋流循环的“大堵车”，整个洋流循环陷入瘫痪状态。

如此一来，温盐环流就此终结。想想当今全球变暖的趋势，格陵兰的冰雪正逐渐冲淡北大西洋暖流，看来之前对全球变暖的相关问题，我们讲的还是很有限啊！

不过，“新仙女木事件”和“8200 年冷事件”发生的时候，冲淡北大西洋暖流的淡水却是另有来源。

8490 年前，北美的冰雪还没有完全消融，那里有两个冰川形成的大坝围成的大盆地，其中积满了水，形成两个大湖，一个叫阿格西，一个叫欧吉布威。它们的面积和储水量大约和美国的五大湖相当。

公元前 6400 年，一直充当阿格西大坝的冰块忽然崩裂，阿格

西湖决口，大量淡水经哈得孙湾注入北大西洋，影响了环流，引发了一次北半球持续几十年的降温事件。之后，气温回升。但在公元前6200年，欧吉布威湖也突然决口，又引起了一次降温。这两次事件发生的时间相隔很近，所以把它们合称为“8200年冷事件”。

好莱坞那部著名的电影《后天》，描绘的是以美国为代表的地球，在一天之内突然急剧降温，进入冰川期的科幻故事。故事中，气候学家杰克·霍尔在观察史前气候研究后指出，温室效应带来的全球变暖现象将会使地球面临空前的灾难。

最后的嘱托

没有哪一种理论可以概括世界的全部。所有现有的知识，都只是我们探索世界的垫脚石。感谢那些为我们铺路的前辈的最好方式，就是不断获取知识，不断总结出更新、更准确的认识。

当某一天，你用更好的理论将老博士的解释推翻时，老博士不但不会生气，反而会对你竖起大拇指。科学不是终极的真理，而是不断地接近真理的一种方式。

未来属于你们，加油吧！